智能语音开发

——从入门到实战

声智科技　编著

U0245653

北京航空航天大学出版社

内 容 简 介

本书基于声智科技 SoundAI Azero 智能操作系统,详细介绍智能语音交互开发的全过程,包括智能语音趋势、智能系统基础、技能开发实践等,以及如何在 SoundPi 智能开发魔盒上进行设备和技能开发。SoundPi 是声智科技按照消费电子产品标准研发设计的开发套件,内置 SoundAI Azero,支持快捷二次开发,开放多种硬件接口,支持 IoT 设备控制,是开发者体验智能、验证产品、扩展应用的标准参考硬件。书中的开发教程为使用者提供直接、高效的学习和实践方式,帮助快速打造具有语音交互功能的智能产品,为下一步的高阶开发奠定基础。

本书是智能语音开发的入门书籍,可供学生、初学者和开发爱好者进行智能语音开发时参考。

图书在版编目(CIP)数据

智能语音开发 : 从入门到实战 / 声智科技编著. --
北京 : 北京航空航天大学出版社,2019.12
  ISBN 978 - 7 - 5124 - 3185 - 0

Ⅰ. ①智… Ⅱ. ①声… Ⅲ. ①人工智能—应用—语音
信息处理—程序设计 Ⅳ. ①TP18②TP391.1

中国版本图书馆 CIP 数据核字(2019)第 264697 号

智能语音开发——从入门到实战

声智科技　编著

责任编辑　杨　昕

*

北京航空航天大学出版社出版发行

北京市海淀区学院路 37 号(邮编 100191)　http://www.buaapress.com.cn
发行部电话:(010)82317024　传真:(010)82328026
读者信箱:qdpress@buaacm.com.cn　邮购电话:(010)82316936
三河市华骏印务包装有限公司印装　各地书店经销

*

开本:710×1 000　1/16　印张:10　字数:207 千字
2019 年 12 月第 1 版　2019 年 12 月第 1 次印刷
ISBN 978 - 7 - 5124 - 3185 - 0　定价:58.00 元

编 委 会

前　言

　　人工智能赋予了机器自主决策的能力,将带动各个行业从电气化、自动化升级到智能化时代,是带动全球经济增长的关键技术创新。这已经是全球的共识,其重要性毋庸置疑。但是人工智能怎样才能像互联网一样成为引领一个新兴时代的核心推动力呢? 这其实也是全球创新组织进行技术迭代和商业探索的困惑:技术做到什么程度才是重大突破? 技术应用到行业是"＋AI"还是"AI＋"? 技术在商业实践中扮演什么角色? 其实,人工智能与互联网的发展历程类似。目前,人工智能处于早期阶段,当下最为重要的任务是普及人工智能知识,培养人工智能人才,这才是我国人工智能发展的关键,也是我国人工智能引领全球的基础。

　　核心技术的竞争归根结底还是人才的竞争,我国把人工智能提升为国家战略。2018 年教育部印发的《高等学校人工智能创新行动计划》,明确指出当前人工智能人才还存在巨大缺口以及分布不均的问题。人工智能人才在产业链的分布上可以划分为三个层次:基础层、技术层、应用层。其中,基础层主要包括数据、芯片、算法三个方面,技术层主要是计算机视觉、智能语音交互、知识图谱、机器学习等,应用层则覆盖了汽车、安防、金融、医疗、家居、教育等应用场景。人工智能的兴起必须依赖全产业链条的人才储备。我国各高校已经开始这项伟大的工程,目前有超过一百家高校开设了人工智能相关专业和课程,包括清华大学、北京大学、中国科学院大学、中国科学技术大学、北京航空航天大学、中国人民大学等。与此同时,人工智能也逐渐进入中小学课堂进行试点教育。可以预见,不久之后人工智能将会成为大中小学生的必修课程,人工智能技术将成为未来职场人士必备的知识和技能之一。

　　但是,人工智能普及基础教育的周期较长,大中小学和职业教育的学生也需要一个即时应用的示范,这就需要在应用教育方面寻求一个突破口。智能语音作为人工智能的基础技术和入口,也是人工智能应用的关键所在,而且在消费电子领域以智能音箱为代表在全球引领了人工智能的场景示范,孕育了从传感、芯片、系统到方案的成熟产业链,囊括了全球包括亚马逊、苹果、谷歌、微软、百度、华为、阿里、腾讯等著名公司,不仅是入门人工智能行业的快速通道,而且也是谋求职业转型的优先选择。

　　智能语音是一个复杂冗长的链条技术,融合了声学、语音和语言三大学科。即便最简单的人机对话,至少也需要声学算法、语音唤醒、端点检测、语音识别、语言理解和语音合成等,仅仅声学算法就包括了回声抵消、噪声抑制、声源定位、混响消除、波束形成等具体算法。显然,智能语音的这种技术复杂性大幅增加了学习和开发的成本,不利于行业应用和场景落地。因此,我国有必要建设一套以操作系统为核心的中间层 AI 作为基础设施,并以此为契机加强人工智能领域的教育培训,抓住人工智能技术和行业与国外同步发展的契机。

SoundAI Azero 是声智科技基于全球领先的远场语音交互技术,是为企业、个人及第三方开发者免费开放的全链条 AI 操作系统,致力于连接有价值的信息、服务与设备,让智能服务随处可享。Azero 经过了数十亿次人机交互真实场景的规模验证,可为家居、办公、车载、可穿戴等 20+ 场景和设备提供高效的人机交互和智能决策能力。Azero 默认集成了信息查询、影音娱乐、IoT 控制等 200+ 项常用技能与服务,同时提供简单好用的语音技能开发工具和一站式智能语音软硬件方案,可以极大地降低 AI 行业应用的开发难度和使用门槛,快速满足不同用户和行业群体的个性化需求。

本书作为 SoundAI Azero 智能操作系统的参考用书,侧重开发基础和应用实践,适合中学及高等院校的师生学习和实践,相应内容也将及时在 SoundAI Azero 网站同步更新。

由于作者水平有限,书中错误与不妥之处在所难免,恳请广大读者批评指正。

声智科技董事长兼 CEO:陈孝良
2019 年 5 月 7 日

目　　录

第一部分　智能语音技术入门

先让机器听到、听清、听懂，再让机器思考、决策、反馈。智能语音正成为手指与屏幕沟通以外的全新人机交互方式，使我们"动口不动手"。智能语音技术时代的来临，机遇与挑战并存，在具体的应用场景中高效、便捷地解决人机交互需求，是 AI 语音交互的价值所在。

第 **1** 章

智能语音技术时代的来临

1.1 智能语音的趋势与挑战

　　智能语音交互是基于语音输入的新一代交互模式,人通过自然的对话就可以得到机器的决策和反馈结果。常见的 Apple Siri、Amazon Alexa、Google Assistant、Microsoft Cortana、百度的小度小度、小米的小爱同学、阿里的天猫精灵、声智的小易小易等,都是智能语音交互的代表性产品。智能语音技术还是人工智能技术的重要组成部分,它涉及的技术包括语音唤醒、语音识别、语言处理、语音合成等;它也是未来人机自然交互最主要的方式,其可以让机器以更自然的方式与人类互动,辅助人类决策并服务人类;它更是开启万物互联时代大门的钥匙,语音将会成为所有设备至关重要的入口。

　　智能语音技术的核心是人类的语音输入和机器的决策反馈,这里面包含了多个步骤:听到、听清、听懂、满足。实现智能语音交互需要解决以上 4 个核心关键问题,从技术角度来看,就是拾音、识别、理解、反馈 4 个关键技术环节。拾音是最为基础的环节,必须保证设备能听得见声音;识别是将符合要求的声音转化成文字;理解是根据识别出来的文字,准确解析用户的指令甚至是情感;反馈则是通过提供相应内容或执行相应动作对用户指令做出响应。

　　近场语音交互是机器听懂人类的率先尝试。近场语音交互主要是指用户距离机器不超过 30 cm 范围的语音识别技术,这项技术利用距离巧妙回避了真实场景下复杂的声学问题,可以理解为一种实验室理想环境下的语音交互技术。近场语音识别从 20 世纪 50 年代就开始研究,但是长期没有实质性进展,直到苹果公司在 2010 年推出 Siri 的应用,这才引起了全球的关注。到目前,近场语音交互技术已经比较成熟,平均识别率可以达到 95％以上,主流的手机和平板等设备都已经普遍支持近场语音应用。但是近场语音交互受到了真实场景的巨大制约,并没有展现出来语音交互可以解放双手的先进性,因此在很多场景中,事实上近场语音交互都是“鸡肋”一般的存在,并没有发挥出真正的威力,也就是说,这个技术被严重低估了。直到远场语音交互技术出现并成功解决了真实场景下的复杂声学问题以后,语音交互这种新型人机交互手段才真正显现出替代键盘、鼠标以及触屏操作的可能性。

远场语音交互主要解决 30 cm～5 m 范围内的语音交互问题,这个范围事实上就是人类之间沟通交流的最佳距离,距离太近容易触发自我保护意识,而距离太远则会增大交流难度。语音交互并非只是语音问题,人类的交互其实是一个综合的过程,包括了表情、眼神、肢体动作等一系列影响因素。远场语音交互的历史是比较短暂的,这项技术以前长期没有实质性突破,2014 年是个重要的转折点,北京声智科技有限公司(简称声智)是最早开始探索这个市场的公司之一,但是直到 2016 年末,全球才真正开始重视这项技术,并且短短一年时间,就引领全球市场都进入了激烈博弈的阶段。远场语音交互的代表性产品即是智能音箱,自 2017 年以 Amazon Echo 为代表的智能音箱开始在美国普及,国内厂商亦开始跟进发力,小米、阿里、百度、腾讯、华为、中国移动等厂家纷纷推出自己的智能音箱产品。声智是远场语音交互技术的开创企业之一,见证并推动了这项"卡脖子"关键技术的迭代进化和市场应用。

从市场角度来看,现如今我们正在向智能语音时代迈进,智能语音正在潜移默化地影响并改变我们的工作与生活,它充当了"助理""管家""老师""顾问""朋友"等多种角色,通过智能语音技术,用户通过自然讲话就能完成百科查询、影音娱乐、家居控制、备忘提醒、生活服务等功能,解放了人类的双手。当人工智能时代真正来临时,智能语音技术会无处不在,人和机器之间的语音对话会是更自然的沟通方式,并将成为下一代设备的主流沟通方式。

我们也相信,越来越多的机器未来必然是我们处理海量信息的关键支点。我们知道全球最大的图书馆是美国国会图书馆,大概有 3 000 多万本藏书,若每本书按照 100 万字来统计,总共也就 30 TB 左右的数字容量,实际上人类每年产生的文字资料总共也就 160 TB。相比之下,仅 Facebook 一家每年产生的数据就有 $300×365$ TB,全球的数据可能超过了 2 000 PB,而且这个总量还在快速增加。那么面临这些海量的数据,人类怎么才能获取知识呢?我们一生也不可能读完美国国会图书馆的藏书,就更没有可能遍历当今的机器数据。当然我们知道这其中很多都是重复数据,但是筛选重复信息本身也是人类学习的过程。显然,我们人类无法记住 1 亿人的面孔,也无法辨识 1 亿人的声音。人类知识和机器知识实际上已经开始各成体系,机器显然具有比人类更强的知识去重、筛选、复制和迭代的能力,而我们人类知识想要获得更快的发展,也必须依赖机器知识的支撑,这就必须要解决人类知识和机器知识的交互相通问题,怎么才能简单地把机器所理解的知识复制粘贴到人类世界?以前文本时代我们有搜索引擎,那以语音图像为主的人工智能时代呢?所以,我们必须要有人机对话交互系统,只有这样才能高效地获取更有价值的机器知识,才能解决未来数据爆炸时代的知识获取问题。

显然,人机交互技术是具有战略性、基础性、前沿性的技术,将带来众多颠覆性创新,因此全球主要发达国家都在抢占这个战略高地。为了更清晰地认识人机交互

技术的发展路径,我们对人机交互的历史采用如下的划分方法来做一个简单的归类:

第1代人机交互技术:以旋钮和键盘为代表,以模拟信号和字符为主要交互手段,可交互信息复杂度较高,效率很低,只能实现相对简单的任务,但是可靠性也最强。这个阶段的产品主要是包括打字机、电视机、照相机、早期计算机、功能手机等各种电子设备,一般都是小巧简单的操作系统或者没有操作系统。

第2代人机交互技术:以鼠标为代表,以复杂图形为主要交互手段,可交互信息复杂度较低,效率得到提升,易用性增强,学习成本降低。这个阶段的产品主要就是个人计算机,Windows 和 Linux 是代表性的操作系统。

第3代人机交互技术:以触摸屏为代表,以简单图形为主要交互手段,可交互信息复杂度更低,易用性提升,学习成本急剧降低。这个阶段的产品主要就是以触摸屏为核心的智能手机,iOS 和 Android 是代表性的操作系统。

第4代人机交互技术:以语音为代表,以远场语音为主要交互手段,从这个阶段开始,人机交互的作用半径变得更远,真正解放了双手,而且人机交互变得更加简单,同时人机交互和内容服务耦合更强,交互具备了知识学习和传递的属性,但是由于存在更多模糊空间,远场语音交互的可靠性相对下降。Amazon Alexa、Baidu DuerOS 和 SoundAI Azero 是代表性的交互系统。

第5代人机交互技术:以多传感融合为主要交互手段,可交互信息的理解度和可靠性更高,融合交互将成为人类和机器相互学习的关键手段。

若从上面划分的阶段来看,第5代人机交互的技术趋势可以暂时归结为 4 个方向:

第1个方向就是远场化,虽然第4代人机交互的核心是远场语音交互,但是我们认识到在远场可靠性方面还有很多难点没有突破,比如多轮交互、嘈杂等场景,还有需求较为迫切的人声分离等技术。第5代技术应该彻底解决这些问题,让机器的听觉远超人类的能力。这不能仅仅是算法的进步,还需要整个产业链的共同技术升级。更为重要的是基础理论技术的进步,特别是声学基础理论的突破。

第2个方向就是融合化,“声光电热力磁”这些物理传感手段,必然都要融合在一起,只有这样才能感知世界的真实信息,这是机器能够学习人类知识的前提条件。而且,机器必然要超越人类的五官,能够看到人类看不到的世界,听到人类听不到的世界。机器的感知能力必须要超越人类,事实上众多仪器也已经达到了这个目标,只不过,我们要把这些先进的传感手段做得更加小巧、更加便宜、更加可靠,这是高端技术能够走进寻常百姓家的关键所在。从当前的技术发展来看,声音和图像的融合更为成熟,关键就在远场化。

第3个方向就是智能化,这也是最难实现的,因为智能本身的定义就是模糊的,这个智能化也不是类人智能,而是人类知识和机器知识互相传递的泛化,也就是让机器可以理解人类的模糊知识,这并不是自然语义处理所能解决的事情。比如“像鱼忘掉海的味道",当前再好的 NLP 引擎也无法释义其内涵,同样机器也无法准确理解"小桥流水人家"这种意境。那要让机器理解语言的意境该怎么实现呢?我们不妨参考人类在社科文学领域的阅读量这一硬指标,先不用管什么方法、什么模型,让机器记忆足够丰富就会有显著效果。

第 4 个方向就是主动化,主动化需要在智能化的基础上实现,让机器尝试理解人类情感表达。这才是人工智能最大的商业价值所在,因为在人与人之间的交互过程中,特别是在有商业价值的地方,主动交互占据相当大的比例。当前互联网最为火热的两大领域:电商和社交,归根结底是在做什么呢?搜索的商业变现为什么最终落在广告业务呢?若想挖掘人机交互的商业价值,则主动交互就是关键的技术。其只需要部分理解人类的思想和情感,就能稍稍影响人类的决策,这就是巨大的商业空间。况且,机器没有人类那么多情感负担,比如说机器怎么说甜言蜜语都不会觉得恶心,人类肯定不会把机器看成我们的上下级关系,也不会把人类的框框强加于机器,当然另外一个可能也是极为可怕的,机器可能会无底线地推销一款商品。任何技术都有两面性,但是掌握技术的始终是人类,具体就是每一家企业,所以企业的价值观决定了技术是服务人类还是破坏规则。要想让机器更好地造福人类,人类也应该不断学习来适应未来的机器社会。

以远场语音为核心的人机交互系统将能影响人类的决策并且能够在不经意间重塑一个人的思想。事实上,当机器以海量的数据、强大的算力和优异的算法为基础,永不疲惫地进化迭代,迟早是能够大概理解人类的,这就足以影响一个人简单的决策了。人类其实经常会有选择恐惧的表现,日常的决策非常依赖于周边人群的建议,这就是一种趋同性,而机器恰恰擅长引导这种趋同性。当然,若将这种能力用错了地方,对人类的伤害也很大。

另外一点就是人机自然交互可能会改变人类学习知识的过程,我们已经习惯了在学校里集中学习知识的系统过程,而随着智能手机的普及,现在碎片化学习的倾向已经愈发明显了。而远场语音把这个倾向还扩展到了老人和儿童,在中国,这是文字知识储备最少的两个群体,他们对于远场智能交互的需求更为迫切,这也是智能音箱能在国内快速爆发的重要原因之一。智能音箱甚至让刚学会说话的儿童都开始了碎片化学习,大量的儿童故事和科学故事,让现在的儿童很早就懂得了比我们当初更为丰富的知识。随着他们长大,以及当前知识的获取习惯,长期集中系统的学习是否还有必要?知识的载体并非只有书籍一种,当书籍更新太慢的时候,其他载体若能满足我们对于新知识的迫切需求岂不更好?所以,什么样的学习方式才是最好的呢?学习方式本身是不是也应该进化呢?是不是机器应该参与到这种进化过程呢?

语言是洞悉人类天性的窗口,天然承载了人类的思想和情感,那么怎么才能让机器来承担这种能力呢?这还在探索,至少从现在来看,深度学习好像很难解决这个问题,当前的实践只是证明了深度学习更适合模式识别这个领域,对于语言理解的效果不是那么显著。语言更令研究者头疼的是个体的差异性,族群的差异性还好,至少还有一定的规律,但是个体的自由语言却能让另外一个个体理解,甚至还可以"只可意会不可言传"。但是机器不行,机器只能基于数据寻找规律,其特殊能力在于能够从海量数据中发现人类难以理解的数据关联,而人类的能力更强大,只用简单的孤立样本就可以逻辑推理,这是当前机器学习严重缺失的能力,当前机器学习领域火热的对抗网络、迁移学习等无法解决这个问题。

所以,目前还只是人机自然交互的萌芽状态,即便第 4 代交互也还任重而道远。幸运的是这项技术已经规模商业化落地,至少突破了可用的及格门槛,而且证明了机器学习非常适合解决基于概率来预测的问题,这必然带给人类社会巨大的改变。如果要让这项技术能够持续推进并做好商业化,那么最为重要的还是基础教育问题,我们从谷歌和百度指数的分析来看,30 岁以下的年轻人对于人工智能的关注显然还不够,所以我们还必须加强人工智能的教育普及,吸引更多的年轻人投身声学语音和语言理解行业,也期待更多学术机构能够联合起来,打破学科之间的壁垒,携手培养更多跨学科的年轻人。

1.2　如何学习智能语音开发

1. 智能语音技术栈

智能语音技术解决的是人类语言和机器语言跨越障碍实现理解的问题。从人类语音指令的发出到机器根据指令做出正确反应,语音交互的实现依赖于声学、物理学、计算机学等相关学科的理论突破和技术落地。智能语音技术从近场到远场的拓展,也是从实验室向真实应用场景的迈进,从语音唤醒、语音识别到语音合成的技术栈,确保了交互过程中听到、听清、听懂、回答的有效实现。

首先,"听到"指的是语音信号的拾取,即所谓"拾音",这是实现语音交互的基础,通过传感装置及相应算法技术来保障设备准确拾取到用户指令的语音信号。目前常用的是通过麦克风阵列及相关降噪算法的相互配合,以实现优质的拾音效果。

其次,"听清"指的是语音识别,这是实现语音交互的关键。语音识别,又称自动语音识别(Automatic Speech Recognition，ASR),主要是将人类语音中的词汇内容转换为计算机可读的文本信息,需要融合数学与统计学、声学与语言学、计算机与人工智能等基础学科和前沿学科的相关知识。目前,在通常应用场景下的语音识别率已经超过 95％,这意味着机器已经具备与人类相仿的语言识别能力。随着技术的进步,复杂噪声环境、方言口音等场景下的语音识别也已达到可用状态,特别是随着智能音箱的方兴未艾,远场语音识别已经成为消费电子领域应用最为成功的人工智能技术之一。

再次,"听懂"指的是以自然语言处理为代表的一系列技术,这是语音交互的核心,通过相应技术将文本指令转换成机器可以处理的信息,并做出相应的反馈。如果语音识别相当于人类的耳朵,负责获取信息,那么自然语言处理就相当于人的大脑,负责思考和处理信息。对于智能语音技术而言,自然语言处理技术的核心在于语义理解,这也是当前从业者面对的最大挑战之一。相较于机器语言,人类语言最大的不同在于其复杂多变,同样的发音可以代表着不同的含义,同样一句话在不同场景下也往往对应着不同的信息。目前,常用的方法仍然是通过深度学习的工具提升自然语言处理的准确度。

最后,"回答"指的是语音合成,这是语音交互的最终环节。语音合成,又称为文语转换技术(Text to Speech,TTS),主要是将文本信息转化为自然流畅的语音并朗读出来。语音合成是在机器对人类指令做出相应反馈提供内容服务的同时,通过语音播放给予互动反馈。在机器进行语音反馈的过程中,其语速、语言习惯、音色等都会对用户体验产生极大影响,如何实现更自然的语音合成效果,也是业界不断努力的方向之一。

智能语音技术栈如图 1-1 所示。

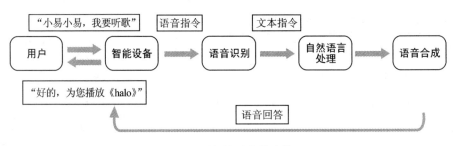

图 1-1　智能语音技术栈

2. 欢迎开启智能语音开发之旅

5G 来临,AI 加速。毫无疑问,当前时代浪潮下语音已然成为最有趣的交互方式之一。尤其面对新兴设备层出不穷、传统设备智能化升级,语音交互的魅力愈加凸显。本书提供的智能语音开发教程是基于声智的 SoundAI Azero 智能操作系统,为开发者提供更直接、更高效的学习方式和实践机会。

本章的学习目标是让开发者通过初步学习,可以理解智能语音技术的运行和构建方式;在学习过程中通过创建一系列的语音交互技能,可以更加深刻地体会智能语音技术的优势特点。在扎实掌握了本书基本知识的基础上,开发者还可以充分发挥自己的创造力,借助 SoundAI Azero 网站上的大量文档,向创建专业级语音交互技能方向进阶。

在开始创建语音交互技能甚至为设备接入语音交互能力之前,开发者需要一些准备工作。首先,需要在 Azero 网站(https://azero.soundai.com)注册成为开发者,完成这一步才能开始继续进行其他操作。其次，开发者还需要具备一定的编程知识，例如了解面向对象编程、循环和变量的含义，熟悉 Java、Python、C、C++等编程语言。作为开发者还应该对语音交互本身有所了解，就像在其他平台编写应用程序一样，开发者需要熟悉语音交互的基本逻辑和知识。当然，即使之前没有接触过，通过前面的介绍，相信开发者对此也已经建立了基本认知。

3. SoundAI Azero 智能操作系统

SoundAI Azero 是声智基于全球领先的远场语音交互技术为企业、个人及第三方开发者免费开放的全链条 AI 操作系统，致力于连接有价值的信息、服务与设备，让智能服务随处可享。Azero 经过了数十亿次人机交互真实场景的规模验证，可为家居、办公、车载、可穿戴等 20+场景和设备提供高效的人机交互和智能决策能力。Azero 默认集成了信息查询、影音娱乐、IoT 控制等 200+项常用技能与服务，同时提供简单好用的语音技能开发工具和一站式智能语音软硬件方案，极大降低了初学者的开发难度和使用门槛。

Azero 开放平台提供技能接入和设备接入两种方式，开发者可根据需要灵活选择。

（1）技能接入

Azero 提供了一系列语音交互功能服务，称为技能，如播放音乐、天气预报等。除现有技能外，开发者也可以自主开发技能服务。Azero 为第三方技能开发者提供了一整套技能开发、测试、部署工具，开发者可在平台上创建自定义技能、内容信源技能以及智能家居技能，同时可为技能设计提供可视化的界面，在屏幕设备上生动形象地将技能展示给用户。此外，Azero Client SDK 免费向第三方开发者开放，开发者可根据 ASK 协议开发技能。

（2）设备接入

开发者使用网站上的设备接入服务可以直接将 Azero 智能系统直接集成到设备产品中，这是为企业级用户提供语音服务的全栈解决方案，适用于智能音箱、智能电视、智能冰箱等设备，帮助实现传统设备的智能化升级。在完成开发者认证后，如需进行商业应用，企业用户还可在平台上申请 SDK、芯片模组、麦克风阵列等能力，一站式解决设备单个智能语音服务接入问题。对于普通开发者而言，则可以在技能商店发布自主开发的技能服务，如果被企业用户商用，则可获得相应收益。同时，Azero 还向开发者免费开放 Surrogate API，用户可自主开发控制设备端的 App，真正享受到自主开发的乐趣和成就。

第二部分　如何开发语音交互技能

　　越来越多的人注意到语音交互的潜力,开始开发语音交互技能,通过开发自定义、内容信源或智能家居技能,能够实现工具助手、影音娱乐、信息查询、百科教育、生活服务、智能家居控制等能力,可将技能接入到个人的设备上,或发布到技能商城从而获得收益。

第2章

技能接入

2.1 技能概述

2.1.1 什么是技能

Azero 的语音技能是指智能硬件可以使用自然语言交流提供服务的能力,类似于一个 App,通过语音技能解决某一类用户的需求。

技能被访问后提供对话式交互服务,例如:查询天气技能。

用户:北京今天天气怎么样?

技能:北京今天晴,温度 25～30 ℃。

用户:那明天呢?

技能:明天北京有雨,温度 20～25 ℃。

Azero 技能开放平台为第三方开发者提供了对话技能设计、开发、测试、发布、优化的工具,开发者可通过可视化编辑界面,便捷地设计技能的意图、槽位等内部逻辑,开发对话式技能,将自己的创意、产品或服务,通过语音技能传达给用户,为用户提供更优质的体验。

在技能开发平台上构建的技能可以为用户提供许多不同类型的服务,用户可以通过语音询问问题或提出请求来访问这些技能,例如:

查询特定问题的答案:

"今日限行尾号是什么?"

"红烧肉怎么做?"

"'亡羊补牢'是什么意思?"

控制智能家居设备:

"打开客厅灯。"

"空调温度调到 24 ℃。"

"启动扫地机器人。"

播放音频或文本内容:

"我想听小说'盗墓笔记'。"

"播放一首热门歌曲。"

"我要看'熊出没'。"

2.1.2 技能的类型

Azero 平台支持创建 3 种类型的技能服务：自定义技能、内容信源技能、智能家居技能。

1. 自定义技能

通过自定义技能处理用户的请求以及用户请求时所说的相关话术，为用户提供相应的服务。

自定义技能是自由度最高的一类技能，适合对自定义逻辑要求较高的技能开发者。在此类技能中，需要设定完整的交互逻辑，通常包括：

① 用户用什么指令进入技能。

② 用户在技能的不同阶段会说出什么样的指令。

③ 对于技能每一阶段用户输入指令的处理逻辑。

④ 处理用户指令后回复的具体内容。

⑤ 具体内容回复后的逻辑（是否自动触发进一步交互等）。

通常，当开发者期望通过平台提供此类服务时，会选用自定义技能：

① 语音查询相关信息。

② 语音互动类游戏。

③ 语音类生活服务小工具等。

技能交互示例：

用户：北京今天天气怎么样？

技能：北京今天有小雨，气温 15～20 ℃，出门记得带伞哦。

如果用户的请求不能在一轮对话中完成，则需要技能与用户进行多轮对话。

用户：我要订北京到上海的飞机票。

技能：请问您想预订哪天的机票？

用户：6 月 10 日。

技能：已为您查询到 6 月 10 日上午 10 点北京到上海的飞机票，票价 2 500 元，请问您需要预订吗？

用户：预订。

技能：好的，已为您预订。

2. 内容信源技能

通过内容信源接入为用户播放所需的音乐、新闻、有声、视频等信息内容。

信源接入适合拥有相关媒体资源的开发者,此类技能 Azero 已有预置交互模型,开发者无需对指令进行配置。当指令触发时,Azero 会从资源方提供的接口中请求资源。

通常,此类开发者适合选择信源接入:

① 拥有音乐/有声/新闻/视频平台接口的开发者。

② 音视频节目创作者。

③ 自有资源开发者。

技能交互示例:

用户:我想听小说《盗墓笔记》。

技能:好的,正在为您播放《盗墓笔记1》第一卷七星鲁王宫……

3. 智能家居技能

通过智能家居接入处理用户控制智能设备的请求,然后执行相应的指令,使设备达到用户所请求的状态。

智能家居接入适合自有 IoT 平台的开发者,此类技能 Azero 已有预置交互模型,开发者无需对指令进行配置。当指令触发时,Azero 会将请求信息发送至接入的 IoT 平台,由 IoT 平台控制对应智能家居设备。

通常,当开发者想接入此类功能时,会选用智能家居接入完整的 IoT 平台接入独立智能家居设备。

技能交互示例:

用户:空调温度设为 24 ℃。

技能:好的。

2.1.3　如何与技能交互

交互模型有点类似于传统应用程序中的图形用户界面。但用户不是通过单击按钮、从选项框中选择选项,而是通过语音提出请求后,技能回答问题。

与技能交互的流程如表 2-1 所列。

表 2-1　与技能交互的流程

行动(Action)	语音用户界面(VUI)	图形用户界面(GUI)
发出请求	用户:"查看路况信息"	用户单击一个按钮
从用户处收集更多信息	技能:"哪段路程的路况信息。"等待用户回复	应用程序显示一个选项框,等待用户选择一个选项
用户提供所需信息	用户回复:"去北京首都机场的路况信息"	用户选择选项并选择确定
用户的请求已完成	技能回复用户所请求的信息:"目前路面正常不拥堵"	应用程序显示请求的结果

　　每个技能都有一个用户交互模型(User Interactive Model),该模型定义了用户与技能进行交互时的语句信息。当用户通过语音表达请求时,语句信息会被传到 Azero,Azero 根据交互模型对用户的请求进行识别及分析,然后按照 Azero 协议将结构化的请求发送给可以满足用户请求的技能处理。

1. 与自定义技能交互

查询快递交互示例:

用户:我的快递到哪儿了?

技能:请告诉我快递单号。

用户:12345678。

技能:您的快递已到达郑州中转站。

用户:预计哪天可以送达?

技能:预计 6 月 13 日,后天可以送达。

预订高铁票交互示例:

用户:帮我预订一张从北京到天津的高铁票。

技能:请问您要预订哪天的高铁票?

用户:明天上午。

技能:抱歉明天上午的高铁票已售空。

用户:那明天下午呢?

技能:明天下午三点有五张北京到天津的二等座高铁票。

用户:帮我预订明天下午的。

技能:好的,已为您预订明天下午北京到天津的二等座高铁票,车次 G ****。

在自定义技能的交互模型中,需要定义如下信息:

①定义技能可以处理的请求,即意图。如上述示例:查询快递信息请求、预订高铁票请求。

②定义用户请求时所说的语句,即语料。如上述示例:"我的快递到哪儿了""帮我预订一张从北京到天津的高铁票"。当用户发出请求时,Azero 进行解析,将请求内容和意图发给技能进行处理。

③定义技能询问信息语句。如上述示例:"请告诉我快递单号""请问您要预订哪天的高铁票",当用户发出请求的信息不够全面时,技能需要主动向用户收集信息。

④定义技能的多轮对话。如上述示例:"预计哪天可以送达""那明天下午呢",在一些场景下,技能需要结合上下文信息对用户的请求进行分析。

2. 与内容信源技能交互

交互示例:

用户:我要听《告白气球》。

技能:为您播放歌曲《告白气球》,塞纳河畔 左岸的咖啡……

用户:播放暂停。

技能:暂停播放。

用户:播放继续。

技能:告白气球 飞吹到对街 微笑在天上飞……

用户:下一首。

技能:为您播放歌曲《My Heart Will Go On》,Every night in my dreams……

在内容播报技能的交互模型中,你需要定义如下信息:

① 定义用户请求时所说的语句,即语料,如"我要听欢快的歌""给我播放周杰伦的歌"。当用户发出请求时,Azero 进行解析,将请求内容和意图发给技能进行处理。

② 允许用户使用上一条、下一条选择资源,使用播放暂停、播放继续等控制资源播放。

3. 与智能家居技能交互

交互示例:

"打开床头灯。"

"关闭扫地机器人。"

"空调温度调高两度。"

在智能家居技能的交互模型中,你需要定义如下信息:

① 定义技能可以处理的用户请求的指令,称为设备指令。如:打开/关闭、调高/调低、停止。

② 定义用户请求技能操作相关设备的语句,如上述示例。

2.2　技能交互设计规范

2.2.1　技能场景定义

在设计一个技能之前,首先需要有明确的定义和独立清晰的应用场景,避免一个技能同时面向多个功能或多个使用场景,避免技能功能设计冗余不清晰。

正确示例:

将归属同一系列技能拆分成多个单独技能:"熊猫外卖""熊猫查航班""熊猫缴费""熊猫电影票""熊猫飞机票"。

错误示例:

单一技能"熊猫手机",把该技能设计成同时包括多个功能:"手机外卖""手机航班查询""手机缴费""手机订电影票""手机订飞机票"。

2.2.2 技能语料设计

1. 简洁明了

使用简单明了、易于理解的语言。

正确示例:

用户:给我预订一张明天上午北京到上海的飞机票。

技能:明天上午北京到上海已经没有票了,要不要改到明天下午呢?

错误示例:

用户:给我预订一张明天上午北京到上海的飞机票。

技能:明天上午北京到上海已无余票,不可购买,是否要改到明天下午?

2. 亲切友好

技能是用户的朋友,技能中的语料可使用亲切、友善、幽默的风格进行转换。

正确示例:

用户:你猜我是谁?

技能:世界上的人千千万,只有你最可爱。

错误示例:

用户:你猜我是谁?

技能:抱歉,我不知道你是谁。

3. 通俗易懂

不要使用不易理解的词语,例如:生僻词、网络语、缩略词等。

正确示例:

用户:帮我订个肯德基的汉堡。

技能:当前店铺正在休息,请于9点后下单。

错误示例:

用户:帮我订个肯德基的汉堡。

技能:当前店铺暂未营业,请勿下单。

4. 回复话术内容简单

不要让回复内容过于复杂,避免出现重复的回复。

正确示例:

用户:我想要打电话。

技能:好的,请说一下要拨打的电话号码。

错误示例:

用户:我想要打电话。

技能:欢迎你使用本技能,你可以说出任意你想要拨打的电话号码或者说出对方名字。请说出手机号码,现在为你拨打过去。

5. 避免要求用户按照某种特定方式表达意图

不要规定让用户必须使用特定的方式表达意图。

正确示例:

用户:明天早上 7 点起来上班。

技能:需要我帮你设置一个明天早上 7 点的提醒吗?

错误示例:

用户:明天早上 7 点起来上班。

技能:如果你想设置提醒,请对我说:提醒我明天早上 7 点起床。

6. 丰富多样

用户可能会多次使用同一个技能,在保持技能话术设计简洁易懂的前提下,可以丰富回复话术的多样性,使得技能更加拟人化,给用户以亲切感。

示例:

用户:我想听欢快的歌曲。

技能回复 1:猜你会很喜欢这些欢快的歌,让我们一起来听……

技能回复 2:欢快的歌找到了,让我们一起来聆听吧……

技能回复 3:为你精心找到了一首欢快的歌,快来一起听听吧……

7. 提高应变能力

尽可能穷举出用户可能的口语表达话术,并给予正确的回复。

示例:

用户表达 1:今天北京天气怎么样?

用户表达 1:今天帝都天气怎么样?

用户表达 1:今天北京热吗?

技能回复:北京今天天气晴,24～32 ℃,天气挺好的。

2.2.3　技能引导设计

1. 提供简洁明确有限制的选项内容

技能与用户交互的过程中,给用户提供的选项不要过多,同时还要有一定限制性,避免用户开放回答以影响技能的体验。

正确示例:

技能:欢迎来到看图猜物,一共有动物、植物、人物可供你猜测,请问你想要猜测哪一类?

错误示例:

技能:欢迎来到看图猜物,请问你想要猜什么?

2. 多次询问引导

当用户回答未命中意图或者没有理解时,应告知用户并进行明确的引导。

正确示例:

用户:我的车今天限号吗?

技能:好的,请说出你的车尾号。

用户:今天天气还不错。

技能:对不起,没有理解,请说出你的车尾号。

错误示例:

用户:我的车今天限号吗?

技能:好的,请说出你的车尾号。

用户:今天天气还不错。

技能:请说出你的车尾号。

2.2.4 多轮对话设计

1. 每次只请求用户一个信息内容

用户:帮我预订明天去上海的飞机票。

技能:好的,请问你想从哪里出发?

用户:北京。

技能:好的,请问你的起飞时间段?

用户:下午两点左右。

2. 建议对用户提供的信息进行确认

技能:你是想预订×月×日,北京到上海下午两点左右的飞机票吗?

用户:是的。

技能:好的,为你找到以下机票……

3. 多轮对话过程中句尾的引导

正确示例:

用户:我的车今天限号吗?

技能:好的,请说出你的车尾号。

错误示例:

用户:我的车今天限号吗?

技能:好的,你可以通过我查询限号规则。

4. 无响应时主动退出

正确示例：

用户:我的车今天限号吗？

技能:好的,请说出你的车尾号。

用户:(无响应)

技能:对不起,没有理解,请说出你的车尾号。

用户:(无响应)

技能:已退出限号查询,欢迎再次使用。

错误示例：

用户:我的车今天限号吗？

技能:好的,请说出你的车尾号。

用户:(无响应)

技能:对不起,没有理解,请说出你的车尾号。

用户:(无响应)

技能:对不起,没有理解,请说出你的车尾号。

……

2.2.5　技能风格设计

1. 友善礼貌

所设计的技能中,需遵循友好善意的原则,严禁出现色情、反动、暴力等词汇。

2. 真实可靠

所设计的技能中,需遵循真实可靠的原则,提供的内容不得虚构、扭曲、捏造事实。

2.2.6　技能发布设计

1. 确保提供可靠稳定的服务

应该严格保证技能的后端服务稳定可靠,快速响应用户请求,达到用户良好的使用预期。

2. 技能信息具有识别度

定义清晰独立而有差异化的技能功能,选择不易于混淆的技能调用名称等技能信息,让用户可在众多技能中快速识别出你所创建的技能。

3. 技能描述简单易理解

尽可能完善有关技能信息的描述,同时可在描述信息中提供更多技能内的常用表达示例,以便让用户快速了解技能的相关功能。

第**3**章

技能接入案例研究

3.1 自定义技能案例

3.1.1 技能接入条件

除最简单的交互技能外,自定义技能通常都需要具有以下几个功能:

1. 构建交互意图

一个技能最关键的部分便是其交互意图,开发者需要在 Azero 平台上创建会触发技能的意图,并为其配置语料、槽位等信息。当用户触发了对应交互意图时,Azero 便会将对应请求发送至技能服务器处理。

2. 部署技能服务器

需要将技能服务代码部署到 Web Server 上,该 Server 需要接收 Azero 发出的 http 请求,处理请求并给出符合格式的回应。

如果你的技能包含图片/音频/视频,你需要部署一个可被 Azero 访问的资源存放点,当技能服务器下发的回应中包含此类资源地址时,设备端需要访问相应资源。

3. 技能模拟测试

一个技能的创建免不了各项打磨,Azero 平台会为开发者提供模拟器以进行技能测试。

4. 提交发布上线

当创建的技能测试无误后,将技能提交发布给 Azero 平台审核,当通过审核后技能便可上线使用。

3.1.2 初级技能案例分析

下面以初级技能绕口令技能为例,说明技能在网站上创建的流程以及注意事项。

设计技能交互:设计你所创建的技能使用场景,以及在场景下技能如何与用户有效地进行语音交互。例如:用户可能发送的请求,技能处理用户请求之后返回的结果等。在设计过程中,可参考 Azero 技能交互设计规范。

1. 在控制台中创建技能

进入技能中心首页,单击创建技能,选择自定义技能,填写技能名称进行创建。创建自定义功能如图 3-1 所示。

图 3-1　创建自定义技能(绕口令)

2. 添加技能基本信息

技能的基本信息包括:技能名称、技能 ID、技能分类、应用场景、技能权限、技能简介、技能 Logo 等技能信息。

(1) 创建技能名称

技能名称为对所创建技能的命名。

若技能公开到技能商城展示,则技能名称应能够让用户快速查找,并理解技能的能力。

设置技能名称为:"绕口令"。

(2) 创建技能 ID

这是技能的唯一标识,由系统自动生成,不可进行修改。

(3) 选择技能分类

选择技能分类,即技能的所属类别。

选择"绕口令"为:游戏娱乐类。

(4) 选择技能应用场景

应用场景:有屏/无屏。

选择技能是适用在有屏还是无屏场景下,可同时选择。

选择"绕口令",技能应用场景为:有屏。

(5) 选择技能权限

技能权限:私有/公开。

选择创建的技能是私有还是公开,可同时选择。

私有技能:仅可作为自己使用的技能。

公开技能:通过审核后,可作为第三方技能供用户使用。

设置"绕口令",技能权限为:公开。

(6) 填写技能简介

介绍技能相关功能,描述技能所提供的服务。

添加技能简介:"绕口令技能可为用户播放并教你学习绕口令"。

(7) 添加技能 Logo

可为技能设置 Logo,添加技能的基本信息如图 3-2 所示。

▌基本信息

* 技能名称 ⓘ   绕口令

* 技能ID ⓘ   5d79bfb67dc5370006e33aa4

* 技能分类 ⓘ   游戏娱乐

* 应用场景 ⓘ   无屏 ☑ 有屏

* 技能权限 ⓘ   私有 ◉ 公开

* 技能简介 ⓘ   可为用户播放趣味绕口令

技能LOGO

图 3-2   添加技能的基本信息

3. 创建技能交互模型

在用户与技能进行交互的过程中,可表现为单轮对话和多轮对话形式。通常在单轮对话无法满足用户的服务请求时,可通过构建多轮对话不断获取用户的准确信息,从而完成用户意图的请求。所以我们需要构建合理的交互逻辑,保证交互过程中的易用性,充分理解用户的需求,从而为用户提供良好的服务体验。

技能交互模型包括:意图、语料、槽位等概念,下面通过举例说明其在交互模型中所代表的含义以及如何准确合理地构建交互模型。

(1) 创建意图

在交互模型-意图管理中,选择自定义意图并创建"绕口令"技能所包括的意图。

选择创建:"自定义意图"。

➤ 意图信息

意图是指用户说话的目的、需求和想法。

意图信息包括:意图名称和意图标识。

➤ 意图名称

意图的口语化名称,建议使用中文。

创建意图名称:为"绕口令"。

➤ 意图标识

意图名称的唯一标识,支持英文、数字和下画线。

创建意图标识为:"TONGUE_TWISTER"。

添加意图信息如图 3 - 3 所示。

▌意图信息

* 意图名称　　　绕口令

* 意图标识　　　TONGUE_TWISTER

图 3 - 3　添加意图信息

(2) 添加语料

语料是指用户对意图的常用表达话术。

建议尽可能多地列举用户常用的口语表达话术,以便可更准确地识别意图。

语料常用表达规范如下:

① 支持汉字和阿拉伯数字。

② 不可包含空格。

③ 不可包含特殊符号(例如:金额 100 元,应写成一百元,不可写成 100 元

或¥100）。

对于绕口令意图的语料,通常用户可能会表达想要听绕口令的话术,例如:

"我想听绕口令。"

"给我讲个绕口令。"

"来段绕口令。"

"说个绕口令。"

"我想要听段绕口令。"

……

以上为绕口令语料话术,尽可能穷举用户的常用表达,通过将用户意图话术进行泛化,以便让绕口令 BOT 识别出用户意图。

添加意图语料如图 3-4 所示。

▌ 语料

输入用户常用表达内容，可回车进行添加   [添加]

绕口令   删除

播放绕口令   删除

我想听有趣的绕口令   删除

图 3-4　添加意图语料

(3) 槽　位

语料中关键的信息参数,通过槽位的获取从而满足用户的意图。

(4) 意图确认

当获知意图内所有必填槽位时,在执行该意图之前对意图的确认,通常意图内存在时间、金额等敏感信息时,可开启意图确认功能,填入意图确认话术进行意图确认。

对于绕口令技能无需设置槽位和意图确认时,可直接执行播放绕口令的意图。

4. 服务部署

当配置好技能交互模型后,需对技能进行部署工作。可通过编辑代码将技能部署到 Azero 服务器上或将技能部署到自己的服务器上,通过填写的 Web Service 访问自己的服务端以请求技能响应。服务部署如图 3-5 所示。

▌服务部署

技能平台SDK提供了Web开发技能所需的各种API接口，查看Node.js SDK 技术文档。推荐使用平台自带的部署服务，我们已经为您完成了全部的部署工作，您无需任何部署操作，只需在线编辑代码即可，并且这是完全免费的。

◉ 代码编辑　　　　Web Service

* 编辑类型　　◉ 在线编辑　　　上传函数ZIP包

* 语言选择　　　　Node.js 8.5

```
 1  const azero = require('azero-sdk');
 2  const azero_sdk = azero.sdk;
 3
 4  const TONGUE_TWISTER_IntentRequestHandler = {
 5      canHandle(handlerInput) {
 6          return azero.getIntentConfirm(handlerInput,'TONGUE_TWISTER');
 7      },
 8      handle(handlerInput) {
 9          let slot = azero.getSlotValue(handlerInput,"SlotName");
10          let jsonObject = JSON.parse(slot);
11          let slotNames = jsonObject.parameters;
12          let speakOutput = jsonObject.answer;
13          if(speakOutput ==null || speakOutput.length<1){
14              speakOutput = '欢迎使用技能';
15          }
```

图 3 - 5　服务部署

5. 技能测试

当创建完技能并训练成功后,可通过模拟测试检查你所创建技能的交互逻辑和你预期的是否相符,同时可查看对话的 JSON 代码。

测试过程中可能会遇到以下几种情况:

1）正常返回你预期的回复内容

说明所构建的技能交互逻辑正确。

2）未成功返回你预期的内容

说明所构建的技能交互逻辑有误,请检查并完善所创建的意图后再进行测试。

6. 技能发布

(1) 发布上线

当所创建的技能测试无误后,填写技能相关基本信息后提交平台审核;当平台审核通过后技能便可发布使用,若所创建的技能为公开技能,则在技能商城第三方技能中,技能可被其他开发者引用。

技能发布需填入的基本信息规范与创建技能时填入的基本信息规范一致。

若未进行用户认证则需先进行企业或个人认证,认证通过后便可提交设备审核。

(2) 版本管理

对于已提交发布的技能,可在版本管理中可查看技能的版本状态。

3.1.3　中级技能案例分析

通过上一个较为简单的初级难度技能"绕口令",让我们对如何创建自定义技能有了初步的了解。下面举一个中级难度的技能"飞机票",通过技能创建分析思路,来进一步对创建技能有更深入的认识。

在创建技能之前,首先模拟用户可能的使用场景,可从使用场景开始进行分析;其次定义对话的功能,构想该技能能够解决的问题,并列举技能所包括的意图,将对话的逻辑梳理清晰后便可以开始创建技能、对技能进行测试,若测试与预期相符则可以发布技能,通过审核后便可上线使用,上线后通过收集线下用户数据,持续优化技能模型,给用户更好的体验。创建技能流程如图3-6所示。

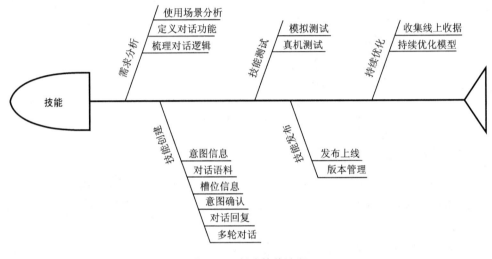

图 3-6　创建技能流程

下面对每一部分拆分讲解需注意的事项。

3.1.3.1　需求分析

1. 使用场景分析

首先,需要明确技能的使用场景,确定在使用场景下该做什么,不该做什么,对边界有清晰的判定;其次,对技能可包含的功能以及能够满足用户需求的意图要进行明确定义,例如:"飞机票"技能,在该技能下可设计的功能包括:预订飞机票、退订飞机票、改签飞机票、查询飞机票。

下面解释技能对话的类型,以便更好、更合理地创建技能。

技能对话共分为3种类型如下:

1)任务型对话

任务型对话通常为有明确目标的需求,该目标即为用户的意图。在任务型对话中,往往会存在一些关键的信息参数,这些参数化的信息即为满足意图的槽位。

2)问答型对话

问答型对话也会有较为明确的目标需求,但在问答型对话中,无需将关键信息进行参数化,通常问答型对话的问题都有对应明确清晰的答案,所以不需将关键信息参数化作为槽位来识别用户的意图。

3)闲聊型对话

闲聊型对话没有明确的需求目标,通常以闲聊天为主。

大家要对以上对话分类有充分的了解,并分析自己所创建的技能需要哪种技能对话的类型再进而开始创建,并不是技能所包括的类型越多越好,而是应根据创建的技能而选择合适的对话类型。

例如:飞机票技能中,预订飞机票、退订飞机票、改签飞机票、查询飞机票属于任务型对话,可增加关于机场信息、天气情况作为问答型对话,而为了减少闲聊信息对于用户的干扰,在该技能中无需加入闲聊型对话。

2. 定义对话功能

首先,对技能包含的功能进行优先级排序,从而明确技能的核心要素。

高优先级:预订飞机票、退订飞机票、改签飞机票、查询飞机票。

中优先级:机场相关信息。

低优先级:进入和退出技能的礼貌性话术。

下面以飞机票技能中的其中一个意图——预订飞机票为例来阐述分析流程。预订飞机票意图信息如图 3 - 7 所示。

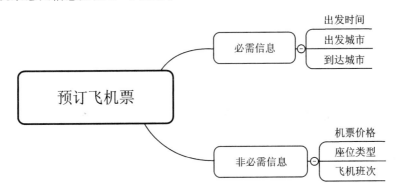

图 3 - 7　预订飞机票意图信息

在预订飞机票意图中,出发时间、出发城市、到达城市,这些槽位信息是满足意图所必需的信息,而机票价格、座位类型、飞机班次则是非必需的信息,也就是如果没有这些信息,根据用户需求也可满足用户预订飞机票的意图。

3. 梳理对话逻辑

对于任务型对话,在对话过程中会存在正常与异常情况出现,下面通过示例来说明出现异常情况下正确处理的逻辑。

正常对话逻辑:

用户：帮我预订一张北京到上海的飞机票。

技能：请问你想要预订哪天的？

用户：明天下午的。

技能：为你找到的航班信息如下，确定要预订吗？

用户：确定。

技能：好的，已为你预订成功。

上面是一个正常的预订飞机票意图的对话逻辑，当用户提供的关键信息缺失时，技能会进行提问，当获取到全部必须信息后，技能会根据用户的意图成功完成飞机票的预订。

异常对话逻辑：

用户：帮我预订一张北京到上海的飞机票。

技能：请问你想要预订哪天的？

用户：明天下午的。

技能：为你找到的航班信息如下，确定要预订吗？

用户：改成明天上午的吧。

技能：好的，为你找到的航班信息如下，确定要预订吗？

用户：确定。

技能：好的，已为你预订成功。

在上面这个例子中，中途用户修改了预订时间，在这种异常对话过程中，存在关键信息变更时，技能要对用户修改后的意图进行处理，并根据用户新的意图来进行飞机票的预订。

问答型对话逻辑：通常是由有规则、固定的问答组成的对话，对于问答型对话只需创建问题对应的答案即可，同时可通过收集线下用户在实际场景使用中常用到的问题语料，来不断完善问答型对话的准确性和实用性。

交互示例：

Q1：儿童飞机票价格和成人的相同吗？

A1：2～12周岁小朋友的票价是成人对应舱位全价票的5折。

Q2：飞机票退票扣手续费吗？

A2：一般是起飞前24小时以前收不超过10%的退票费，起飞前22小时以内2小时以前收10%的退票费，起飞前2小时以内收20%的退票费，其他规定见航空公司退票明细表。

Q3：飞机票行李托运重量限制是多少？

A3：乘坐飞机时，小件行李可以随身携带：民航规定经济舱的乘客可以携带一件手提行李，每件行李重量不能超过5公斤。每件随身携带物品的体积不得超过20厘米×40厘米×55厘米，超过上述限额的物品应托运。

Q_n:……

A_n:……

例如,上述类型的问题,都可以设计成问答型对话。

3.1.3.2 创建流程

下面以"飞机票技能-预订飞机票意图"为例进行说明。

1. 创建自定义技能

(1) 在控制台中创建技能

进入技能中心首页,单击创建技能,选择自定义技能,填写技能名称进行创建。创建自定义技能(飞机票)如图 3-8 所示。

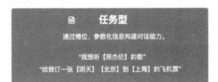

图 3-8 创建自定义技能(飞机票)

(2) 添加技能基本信息

技能的基本信息包括:技能名称、技能 ID、技能分类、应用场景、技能权限、技能简介、技能 Logo 等技能信息。

1)创建技能名称

技能名称:"飞机票"。

2)技能 ID

技能的唯一标识,由系统自动生成,不可进行修改。

3）选择技能分类

根据技能所属类别选择：生活服务类。

4）选择应用场景

根据技能的定位选择：有屏/无屏。

5）选择技能权限

根据技能的定位选择：私有/公开。

6）填写技能简介

飞机票技能可满足用户退订飞机票、查询飞机票、改签飞机票等意图功能。

7）添加技能 Logo

可为技能设置 Logo，添加技能的基本信息（飞机票）如图 3-9 所示。

▌基本信息

* 技能名称 ⓘ　　　飞机票

* 技能ID ⓘ　　　5d71c2ebac159c000689f6ee

* 技能分类 ⓘ　　　生活服务

* 应用场景 ⓘ　　☑ 无屏　　☑ 有屏

* 技能权限 ⓘ　　○ 私有　　◉ 公开

* 技能简介 ⓘ　　　预订、改签飞机票

技能LOGO ⓘ

图 3-9　添加技能的基本信息（飞机票）

2. 创建技能交互模型

创建技能的意图、语料、槽位等信息。

(1) 意图管理

1）创建意图

选择自定义意图开始进行创建。已创建意图信息如图 3-10 所示。

▌意图管理

+创建自定义意图　　查看系统意图

意图名称	意图标识	意图类型	操作
预订飞机票	BOOKTICKET	自定义意图	查看　删除

图 3 - 10　已创建意图信息

➤ 系统意图

为方便开发者操作使用,Azero 为用户预置了一些系统意图,开发者无需对系统意图所包括的意图进行再次创建,可直接使用。系统意图如图 3 - 11 所示。

▌系统意图

意图名称	意图标识	描述
确定	AZERO.YesIntent	表示肯定对话场景内容的意图
取消	AZERO.CancelIntent	表示否定对话场景内容的意图
返回	AZERO.BackIntent	返回上级页面
退出	AZERO.ExitIntent	表示退出当前页面
返回首页	AZERO.NavigateHomeIntent	表示返回到首页面
暂停	AZERO.PauseIntent	表示暂时停止正在播放的内容信源
停止	AZERO.StopIntent	表示停止正在播放的内容信源
继续	AZERO.ResumeIntent	表示恢复对暂停的内容信源的播放
上一个	AZERO.PreviousIntent	表示播放前一个内容信源内容
下一个	AZERO.NextIntent	表示播放后一个内容信源内容
快进	AZERO.FastForwordIntent	表示快进到某个时间或快进多长时间播放
快退	AZERO.RewindIntent	表示快退到某个时间或快退多长时间播放
收藏	AZERO.FavoriteIntent	表示将内容信源添加到收藏列表内

图 3 - 11　系统意图

➤ 意图信息

意图信息,包括:意图名称、意图标识。

创建意图名称:

意图名称:"预订飞机票"。

创建意图标识:

意图标识："BOOK_A_FLIGHT"。

添加意图信息如图 3-12 所示。

意图信息

* 意图名称 ⓘ 　预订飞机票

* 意图标识 ⓘ 　BOOK_A_FLIGHT

图 3-12　添加意图信息

2）添加语料

添加用户在预订飞机票时常用表达话术,建议尽可能多地列举,可通过线上和线下进行收集,以便意图更准确地进行识别。

添加预订飞机票相关语料：

"我想预订飞机票。"

"给我预订北京到上海的飞机票。"

"帮我预订一张明天北京到深圳的飞机票。"

"我想要预订北京到上海今天晚上头等舱的机票。"

……

以上为预订飞机票相关的语料话术,尽可能穷举用户的常用表达,通过将用户话术进行泛化,以便让预订飞机票 BOT 更好地识别出用户意图。添加意图语料如图 3-13 所示。

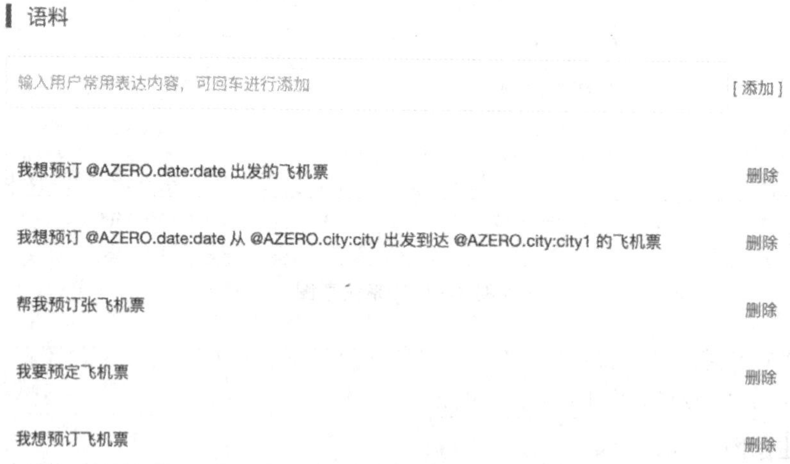

语料

输入用户常用表达内容，可回车进行添加	[添加]
我想预订 @AZERO.date:date 出发的飞机票	删除
我想预订 @AZERO.date:date 从 @AZERO.city:city 出发到达 @AZERO.city:city1 的飞机票	删除
帮我预订张飞机票	删除
我要预定飞机票	删除
我想预订飞机票	删除

图 3-13　添加意图语料

➤ 槽位信息标注

自动标注:系统自动识别出语料中的槽位信息。

当添加预订飞机票相关语料后,系统 NLP 会自动解析语料中所包含的槽位信息:槽位名称、槽位标识、对应槽位、槽位来源。

➤ 槽位名称

语料中关键信息参数化的内容名称。例如"帮我预订明天北京到上海的飞机票"中,关键参数化信息为:明天(时间)、北京(出发城市)、上海(到达城市),这些信息是完成预订飞机票意图所必需的参数,NLP 会自动将槽位进行解析识别。

➤ 槽位标识

对于槽值的唯一识别标识。

➤ 对应槽位

槽位在系统内的唯一识别标识。

➤ 槽位来源

系统槽位是指由 Azero 所创建的槽位。

备注:对于用户所输入的语料,系统可自动解析并标注语料中的槽位,若自动标注识别错误,则用户可通过手动标注进行修改。

3) 槽　位

槽位是语料中关键的信息参数,通过槽位的获取从而满足用户的意图。

当添加完语料后,会将解析的语料所包含的槽位信息自动获取并填充,同时相关的槽位标识、对应槽位、槽位来源都会自动获取,同时可对槽位进行设置:是否为必填槽位、对应的澄清话术以及澄清顺序。槽位信息如图 3-14 所示。

▌槽位

必填	槽位名称	槽位标识	对应槽位	槽位来源	澄清话术	操作
☑	fromcity	AZERO.city	AZERO.city	系统槽位	出发城市?	删除
☑	tocity1	AZERO.city	AZERO.city	系统槽位	到达城市?	删除
☑	date	AZERO.date	AZERO.date	系统槽位	日期?	删除

图 3-14　槽位信息

➤ 槽位澄清

当用户发出的意图请求中缺少必填槽位信息时,此时技能通过设置的槽位澄清话术对所缺失的槽位进行询问,从而获取槽位信息来理解用户的意图。

对于预订飞机票意图,出发时间、出发城市、到达城市为完成该意图所必需的信息,所以这三个槽位需设置为必填槽位,同时对必填槽位设置澄清话术,其作用是当用户的 query(询问)中缺失必填槽位信息时,可通过设置的澄清话术进行获取。

用户：帮我预订一张北京到上海的飞机票。

技能：请问你想要预订哪天的？

用户：明天下午的。

技能：好的，为你找到的航班信息如下，确定要预订吗？

用户：确定。

技能：好的，已为你预订成功。

在上面这个示例中，用户的第一句 query 中缺失必填槽位的时间信息，所以技能询问"你想要预订哪天的？"来获取时间信息，该句话即为时间槽位的澄清话术。

➢ 槽位澄清规则

① 槽位澄清仅针对必填槽位，非必填槽位不需进行澄清。

若解析的槽位在实现意图时为非必需的，也就是若没有该槽位也可识别用户的意图，则该槽位不必选择为必填槽位，同时也无需添加澄清话术。

② 如果存在多个槽位需要澄清时，可自定义槽位的澄清顺序。

例如：预订飞机票意图中，同时缺失时间槽位和到达城市槽位信息时，对两个槽位都需进行澄清，系统会根据开发者所添加槽位的顺序澄清。若设置时间槽位澄清顺序高于到达城市澄清顺序，则在进行澄清时会先询问用户时间再询问抵达城市信息。

每个槽位的澄清话术最多可添加 5 条，当澄清时系统随机返回 1 条。

4）意图确认

当所有槽位信息都已获取到，对用户的意图可准确理解时，在执行意图结果之前，可以选择开启意图确认并填写意图确认话术对用户意图进行确认，用户确认后再执行意图结果。

对于飞机票预订意图，可设置意图确认话术为：

"请问是否确认要预订 &date 从 &fromcity 到 &tocity1 的飞机票？"

添加意图确认话术如图 3-15 所示。

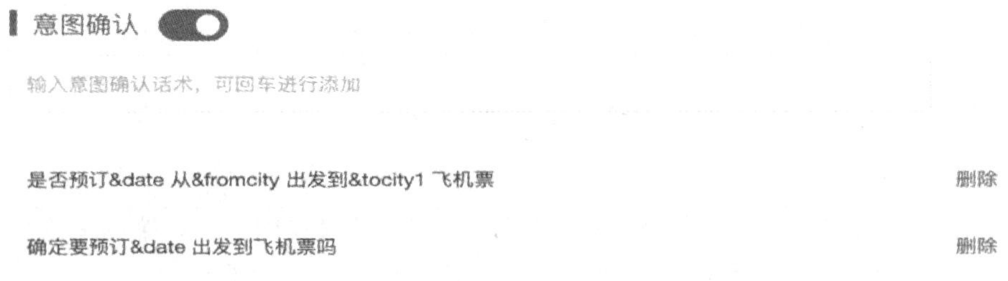

▎意图确认 ⬤━━

输入意图确认话术，可回车进行添加

是否预订&date 从&fromcity 出发到&tocity1 飞机票　　　　　　　　　　　　　　删除

确定要预订&date 出发到飞机票吗　　　　　　　　　　　　　　　　　　　　　删除

图 3-15　添加意图确认话术

（2）槽位管理

➢ 系统槽位

系统槽位是指平台提供一些通用的槽位，不需用户再自行创建，可直接使用。系统槽位如图 3 - 16 所示。

▌ 系统槽位

槽位名称	对应槽位	槽位描述
weather（天气）	@AZERO.weather	常见的天气实体
city（国内城市）	@AZERO.city	国内主要城市
date（日期）	@AZERO.date	包括日期、星期、今明、节日、农历；识别格式为YYYY-MM-DD
flightno（航班号）	@AZERO.flightno	大部分飞机航班的航班号
year（年份）	@AZERO.year	年份识别格式为YYYY
location（地点）	@AZERO.location	可识别精确到道路门牌号
blacklist（敏感词）	@AZERO.blacklist	涉政、低俗、反动等敏感词
fiction（小说名）	@AZERO.fiction	60万常见小说名
yes（是）	@AZERO.yes	表达肯定的用词
caipu（菜品名）	@AZERO.caipu	常见的菜品名
no（否）	@AZERO.no	表达否定的用词
not-blank（万能非空词典）	@AZERO.any.not-blank	不为空的任意字符串
timedelta（时间差）	@AZERO.timedelta	支持提前、延迟+时间的时间表达
any（万能词典）	@AZERO.any	任意字符串实体，可为空
time（时间）	@AZERO.time	包括期、星期、今明、农历、节日；识别格式为时间戳
province（省份）	@AZERO.province	国内所有省份
holiday（节日）	@AZERO.holiday	国内外主要节日名称
color（颜色）	@AZERO.color	识别所有颜色
animal（动物）	@AZERO.animal	识别动物名

图 3 - 16　系统槽位

3. 服务部署

当配置好技能交互模型后，需对技能进行部署工作。可通过编辑代码将技能部署到 Azero 服务器上或将技能部署到自己的服务器上，通过填写的 Web Service 访问服务端以请求技能响应。服务部署如图 3 - 17 所示。

服务部署

技能平台SDK提供了Web开发技能所需的各种API接口，查看Node.js SDK 技术文档。推荐使用平台自带的部署服务，我们已经为您完成了全部的部署工作，您无需任何部署操作，只需在线编辑代码即可，并且这是完全免费的。

◉ 代码编辑　　　○ Web Service

* 编辑类型　　　◉ 在线编辑　　　上传函数ZIP包

* 语言选择　　　Node.js 8.5　　　　　　　　　　　▾

```
1  const azero = require('azero-sdk');
2  const azero_sdk = azero.sdk;
3
4  const BOOK_FLIGHT_IntentRequestHandler = {
5      canHandle(handlerInput) {
6          return azero.getIntentConfirm(handlerInput,'BOOK_FLIGHT');
7      },
8      handle(handlerInput) {
9          let slot = azero.getSlotValue(handlerInput,"SlotName");
10         let jsonObject = JSON.parse(slot);
11         let slotNames = jsonObject.parameters;
12         let speakOutput = jsonObject.answer;
13         if(speakOutput ==null || speakOutput.length<1){
14             speakOutput = '欢迎使用技能';
15         }
```

图 3 - 17　服务部署

4. 技能测试

(1) 模拟测试

当创建完技能并训练成功后，可通过技能测试检查所创建技能的交互逻辑和预期是否相符，同时可查看对话的 JSON 代码。

模拟测试如图 3 - 18 所示。

图 3 - 18　模拟测试

测试过程中可能会遇到以下几种情况：

① 正常返回预期的回复内容：说明所构建的技能交互逻辑正确。

② 未成功返回预期的内容：说明所构建的技能交互逻辑有误，请检查并完善所创建的意图后再进行测试。

当预订飞机票技能训练完毕之后，可通过模拟测试来验证所创建的技能是否与预期相符，若出现问题，则可对技能进行修改后再进行训练测试。

（2）真机测试

➢ 开发者模式

在市场上购买的通用的 Azero 系统设备，均有开发者模式（调试模式）功能。当在开发者网站注册、登录的账户和绑定 Azero 系统的设备为同一账户时，便可以使用该设备的开发者模式来调试技能。开发者模式在设备重启后会自动关闭，再次使用时需要通过语音指令打开。开发者模式如图 3 - 19 所示。

➢ 调试模式开启方式

对音箱说："小易小易（设备唤醒词），打开调试模式。"

音箱反馈："好的，已经为您打开调试模式。"

表示已打开调试模式。

用户使用绑定音箱的同一个账号登录开发者网站，在我的设备列表中，即可查看到该设备。给该设备配置增加技能，便可使用该设备测试技能。

图 3 - 19　开发者模式

➢ 调试模式关闭

① 语音主动关闭。

对音箱说："小易小易，关闭调试模式。"

音箱反馈："调试模式已为您关闭。"

表示音箱关闭调试模式，进入产品使用模式，可正常使用设备功能。

② 被动关机重启。

当设备被动关机重启后,开发者模式会自动关闭进入产品使用模式。如果需要使用开发者模式,则需通过语音指令再次打开。

5. 技能发布

(1) 发布上线

当所创建的技能测试无误后,填写技能的相关基本信息提交平台审核;当平台审核通过后技能便可发布使用,若所创建的技能为公开技能,则在技能商城第三方技能中,可被其他开发者引用。

技能发布需填入的基本信息规范与创建技能时填入的基本信息规范一致。

添加发布信息如图 3-20 所示。

发布信息

* 技能名称 ⓘ　飞机票

* 技能ID ⓘ　5d732788bf16ea00067022ec

* 技能分类 ⓘ　生活服务　▾

* 应用场景 ⓘ　☑ 无屏　☑ 有屏

* 技能权限 ⓘ　○ 私有　◉ 公开

* 技能简介 ⓘ　可预订、查询、改签飞机票

* 版本号 ⓘ　1.0.1

* 版本信息 ⓘ　该版本增加了改签飞机票功能

图 3-20 添加发布信息

对预订飞机票技能的相关信息发布之前再次进行确认,确认无误后可进行发布上线,当发布审核通过后技能便可在设备上正式进行使用。

注:若未进行用户认证则需先进行企业或个人认证,认证通过后便可提交设备审核。

（2）版本管理

当技能申请发布后,可在版本管理中查看技能的状态。版本管理信息如图 3 - 21
所示。

▍版本管理

版本	版本信息	提交时间	状态	操作
V1.0.0	该版本给用户提供了…	2019-10-1 14:25	审核中	撤回
V1.0.1	该版本给用户提供了…	2019-10-8 10:12	未通过	查看
V1.1.0	该版本给用户提供了…	2019-11-6 09:20	已发布	取消发布
V1.1.1	该版本给用户提供了…	2019-11-9 19:28	已下线	再次发布
V1.1.2	该版本给用户提供了…	2019-12-5 18:30	已撤回	查看

图 3 - 21　版本管理信息

对所发布的预订飞机票技能情况,可在版本管理中进行查看。

➤ 持续优化

当技能上线后,可通过收集用户的 query 等数据进行分析,对技能交互模型持续
优化,可提高技能的易用性以及用户体验。

➤ 有屏技能设计规范

对于有屏设备技能的交互,可按照一定的展现形式,以可视化的形式在屏幕上
进行呈现。

Azero 为开发者提供在有屏设备上展示技能的模板,技能开发者可结合模板设
计技能,后面部分会对如何进行开发以及模板类型进行介绍。

3.1.4　相关接口介绍

Azero Skills Kit 能够通过构建基于云的 Web 服务为 Azero 提供新功能。本文
详细介绍了 Azero 服务与所创建的 Web 服务之间涉及的协议接口。

基于云服务的自定义技能大多数编码任务都与以下两点相关:

① 处理接收来自 Azero 的不同请求。

② 技能返回对这些请求的正确响应。

1. Azero 发送给技能的请求

Azero 通过使用基于 SSL/TLS 的 http 请求-响应机制与服务进行通信。当用
户与 Azero 技能交互时,服务会收到包含 JSON 正文的 POST 请求。请求正文包含
服务执行逻辑和生成 JSON 格式响应所需的参数。

请求消息示例:

```
{
    "version": "1.0",
    "session": {
        "new": true,
        "sessionId": "{{STRING}}",
        "attributes": {
            "{{STRING}}": "{{STRING}}"
        }
    },
    "context": {
        "System": {
            "user": {
                "userId": "{{STRING}}",
                "accessToken": "{{STRING}}",
            },
            "application": {
                "applicationId": "{{STRING}}"
            },
            "device": {
                "deviceId": "{{STRING}}",
                "supportedInterfaces": {
                }
            }
        },
        "request": {}
    }
}
```

请求参数说明：

version   协议版本号，当前为"1.0"。

session   用户会话信息，一次 session 过程是从用户开始调用技能到结束，表示用户与技能的一次会话。

context   设备端状态和参数。

request   经过 Azero 解析的用户请求，或者是技能相关的事件。

（1）session 参数说明

session 表示用户会话信息，一次 session 过程是从用户开始调用技能到结束，表示用户与技能的一次会话。以下是一次完整的对话 session 交互过程。

参数说明：

new　当用户向技能发起新的对话时，new 为 true，例如"打开个人所得税计算器"，该会话中后续的请求 new 为 false。

sessionId　sessionId 是一个唯一 ID，用于标识一次对话。

attributes　技能用于记录本次对话的临时数据信息，当 session. new 为 true 时，attributes 信息为空。用户可以在 response 信息中返回 attributes，Azero 会存储下来，并在本次对话的下一个 request 中发送给技能。

交互示例：

用户：小易小易。（设备唤醒词）

设备：来了。（被用户唤醒）

用户：打开飞机票技能。

技能：有什么可帮助你的呢？（技能欢迎语）

用户：帮我预订一张北京到上海的飞机票。

技能：请问你想要预订哪天的？

用户：明天下午的。

技能：好的，为你找到的航班信息如下，确定要预订吗？

用户：确定。

技能：好的，已为你预订成功。

（会话结束）

（2）content 参数说明

请求发送技能时 Azero 的当前设备端状态和参数。

System　系统信息。

System. user　用户信息。

System. user. userId　与用户登录账号关联的一个用户 ID。

System. user. accessToken　标识另一个系统中的用户的标记。

System. application　技能信息。

System. application. applicationId　在技能注册时生成，用于唯一标识一个技能。

System. device　端上设备信息。

System. device. deviceId　经过转换的设备 ID。同一设备对不同的技能展现的设备 ID 不同。

System. device. deviceInfo　设备信息。

System. device. supportedInterfaces　设备支持接口如下：

◇ VoiceInput　语音输入；

◇ VoiceOutput　语音输出；

◇ AudioPlaye 音频播放;

◇ VidioPlayer 视频播放;

◇ Display 使用展现模板在设备端展现图片。

2. Azero 向技能发送的请求

下面以飞机票技能为例,描述 Azero 如何请求技能以及技能应该如何响应 Azero 的请求。

➢ Azero 向技能发送请求的类型

LaunchRequest;

IntentRequest;

SessionEndedRequest;

CanFulfillIntentRequest。

➢ 技能返回给 Azero 的响应

响应格式;

卡片展示;

展示模板;

SMLL。

在 request 请求体消息格式中,请求类型 type 字段是 request 请求体的一个属性。

```
{
    "version": "1.0",
    "session": {
        (session properties not shown)
    },
    "context": {
        (context properties not shown)
    }
    "request": {
        "type": "LaunchRequest",
        "requestId": "request.id.string",
        "timestamp": "string"
    }
}
```

请求字段 type 属性值可以是:

LaunchRequest;

IntentRequest；

SessionEndedRequest；

CanfulfillIntentRequest。

（1）LaunchRequest

当用户使用技能的调用名称打开技能时，技能将收到 LaunchRequest。一个 LaunchRequest 始终是开始一个新会话的标志。例如：用户"小易小易，打开飞机票技能"。

"打开飞机票技能"的请求会被解析为 LaunchRequest，Azero 服务端将会发送请求给名称为"飞机票"的技能。

消息示例：

```
{

    "type": "LaunchRequest",
    "requestId": "{{STRING}}",
    "timestamp": "{{STRING}}"

}
```

请求参数说明：

type　请求类型，即字符串"LaunchRequest"。

requestId　标识本次请求的唯一 ID。如果有问题反馈，则可以附带提供给 Azero 开发人员。

timestamp　请求时间戳，单位是秒，一个全部是数字的字符串。

请求消息示例：

```
{

    "version": "1.0",
    "session": {
        "new": true,
        "sessionId": "b393ef84 - e77c - 425f - 964e - e62ee3c7b338",
        "attributes": {}
    },
    "context": {
        "System": {
            "application": {
                "applicationId": "personal_plane_ticket"
            }
        }
```

```
    },
    "request": {
        "type": "LaunchRequest",
        "requestId": "d407e869 - 55f7 - 4681 - b49f - 8a41bc196da0",
        "timestamp": "1499790258"
    }
}
```

（2）IntentRequest

下面两种情况，请求会被 Azero 转换为 IntentRequest：

① 技能还没被调起，用户语音请求"打开技能，帮我查询天气"，此请求会被解释为查询天气的 IntentRequest，session. new 的值为 true。

② 技能已经被调起，用户与技能在多轮对话中，用户请求"帮我查询天气"，此请求会被解释为查询天气的 IntentRequest，session. new 的值为 false。

消息示例：

```
{
    "type": "IntentRequest",
    "requestId": "{{STRING}}",
    "timestamp": "{{STRING}}",
    "query": {
        "type": "{{STRING}}",
        "original": "{{STRING}}"
    },
    "dialogState": "{{STRING}}",
    "intents": [{
        "name": "{{STRING}}",
        "slots": {
            "{{STRING}}": {
                "name": "{{STRING}}",
                "value": "{{STRING}}",
                "values": ["{{STRING}}"],
                "confirmationStatus": "{{STRING}}"
            }
        },
        "confirmationStatus": "{{STRING}}"
    }],
}
```

请求参数说明：

type　请求类型，即字符串"IntentRequest"。

requestId　标识本次请求的唯一 ID。如果有问题反馈，则可以附带提供给 Azero 开发人员。

timestamp　请求时间戳，单位是秒，一个全部是数字的字符串。

query　本次请求信息。

query. type　请求类型。

query. original　本次语音请求经过 Azero 理解后生成的文本。

TEXT　本次语音请求经过 Azero 理解后是一个文本请求。

dialogState　当前会话状态，取值如下：

◇ STARTED　开始；

◇ IN_PROGRESS　进行中；

◇ COMPLETED　本轮对话的意图已经收集和确认了所有必要槽位，同时如果
　意图有需求也已经一并确认了。

intents　本次语音请求被 Azero 解析后生成的意图。Azero 可能解析出一个或多个意图，这些意图按照概率可能性由大到小排序。

intents. name　意图名称。

intents. slots　意图中的槽位。

slot 结构是 key-value 结构，key 为 slot 名字，value 为 slot 槽位信息。

intents. slots. value　槽位值，表示解析出的槽位值，如果解析出有多个，这里是第一个值。

intents. slots. values　槽位值，表示一个槽位中解析出来的多个值。

例如：我想听张学友、刘德华和黎明的歌。此时 values 的 size 是 3，值分别是张学友、刘德华和黎明。

intents. slots. confirmationStatus　槽位确认状态，取值如下：

◇ NONE　未确认；

◇ CONFIRMED　确认；

◇ DENIED　否认。

intents. confirmationStatus　意图确认状态，当确认状态为 CONFIRMED 或 DENIED 时，dialogState 设置为 COMPLETED。意图状态取值如下：

◇ NONE　未确认；

◇ CONFIRMED　确认；

◇ DENIED　否认。

请求消息示例：

```
{
    "version": "1.0",
    "session": {
        "new": false,
        "sessionId": "b393ef84 - e77c - 425f - 964e - e62ee3c7b338",
        "attributes": {}
    },
    "context": {
        "System": {
        "application": {
            "applicationId": "personal_plane_ticket"
            }
        }
    },
    "request": {
        "type": "IntentRequest",
        "requestId": "1927e048 - f8bf - 4201 - 9c97 - cf2fba5f992a",
        "timestamp": "1499169543",
        "query": {
            "type": "TEXT",
            "original": "我想预订一张明天北京到上海的飞机票"
        },
        "intents": [
            {
                "name": "personal_plane_ticket.book",
                "confirmationStatus": "NONE",
                "slots": {
                    "time": {
                        "name": "time",
                        "values": ["明天"],
                        "confirmationStatus": "NONE"
                    },
                    "from_city": {
                        "name": "from_city",
```

```
                              "values": ["北京"],
                              "confirmationStatus": "NONE"
},
"to_city": {

                              "name": "to_city",
                              "values": ["上海"],
                              "confirmationStatus": "NONE"


                    }
                 }
              }
           ]
       }
    }
}
```

(3) SessionEndedRequest

在以下几种情况下,技能会在会话关闭时收到一个 SessionEndedRequest。

① 用户主动说:"小易小易(设备唤醒词),退出。"

② 当设备监听用户的响应时,用户不响应或回复内容与定义的意图不匹配,超过指定监听时间或 reprompt 次数后,Azero 会发送 SessionEndedRequest 到技能关闭会话。

③ 服务出现错误,即抛出了异常或出现 error。

注意:如果在技能服务响应中设置了 shouldEndSession 标志为 true,那么此次响应结束后当前会话关闭,而且技能不会收到 SessionEndedRequest。

消息示例:

```
{
    "type": "SessionEndedRequest",
    "requestId": "{{STRING}}",
    "timestamp": "{{STRING}}",
    "reason": "{{STRING}}",
    "error": {
        "type": "{{STRING}}",
        "message": "{{STRING}}"
    }
}
```

请求参数说明：

type 请求类型，即字符串"SessionEndedRequest"。

requestId 标识本次请求的唯一 ID。如果有问题反馈，可以附带提供给 Azero 开发人员。

timestamp 请求时间戳，单位是秒，一个全部是数字的字符串。

reason session 被动结束的原因，一共有 3 种：

① USER_INITIATED：用户直接说"退出"；

② EXCEEDED_MAX_REPROMPTS：用户无输入或多次输入无法理解；

③ ERROR：系统错误，详细信息见 error 字段。

error 包括 type 和 message，说明如下：

type 错误类型，可能的值如下：

① INVALID_RESPONSE 技能返回了无效的响应，例如以下情况：

◇ 技能响应数据量超过 24 KB；

◇ 技能在 request 的 dialogState 为 COMPLETED 时仍然发送 Dialog. Delegate 指令等。

② DEVICE_COMMUNICATION_ERROR Azero 与端通信异常。

③ INTERNAL_ERROR 其他 Azero 系统错误。

message 错误信息，用于描述具体错误的可打印字符串。

请求消息示例：

```
{
    "version": "1.0",
    "session": {
        "new": false,
        "sessionId": "1927e048 - f8bf - 4201 - 9c97 - cf2fba5f992a",
        "attributes": {}
    },
    "context": {
        "System": {
            "application": {
                "applicationId":"personal_plane_ticket"
            }
        }
    },
    "request": {
        "type": "SessionEndedRequest",
```

```
    "requestId": "33c78c8f - 22db - 4d6a - bfd5 - 075d264377b7",
    "timestamp": "1501127440",
    "reason": "USER_INITIATED"
  }
}
```

（4）CanFulfillIntentRequest

CanFulfillIntentRequest 表示在技能执行动作之前,向技能请求查询技能是否可以理解并满足所识别到槽位的意图请求。

请求参数说明:

CanFulfillIntent   表示请求技能是否能够理解并满足所识别到的槽位意图的总体响应。

◇ Yes   技能可理解所有槽位,可以完成意图的请求;

◇ No   技能对槽位或意图无法理解,无法完成意图的请求;

◇ MAYBE   技能未完全理解请求的意图或槽位,只在技能部分理解时响应。

slot   表示对意图中每个识别到的槽位的响应。

3. 技能对 Azero 的响应

下面将介绍技能如何返回给 Azero 的过程。技能通过 http 协议返回响应数据,需以 JSON 格式将 Response 返回给 Azero 服务器。响应总大小不能超过 24 KB,如果响应超出这些限制,则 Azero 服务将返回错误。

响应消息示例:

```
{
    "version" : "1.0",
    "sessionAttributes" : "{{STRING}}"
    "response" : {
        "outputSpeech" : {
            "type" : "{{STRING}}",
            "text" : "{{STRING}}",
            "ssml" : "{{STRING}}",
            "playBehavior" : "{{STRING}}",
        },
        "reprompt" : {
            "outputSpeech" : {
                "type" : "{{STRING}}",
                "text" : "{{STRING}}",
```

```
            "ssml" : "{{STRING}}",
            "playBehavior" : "{{STRING}}",
        },
        "card" : {},
        "directives" : [],
        "shouldEndSession" : {{BOOLEAN}}
    }
}
```

响应参数说明如下：

version　协议版本,当前为"1.0"。

sessionAttributes　会话信息。

response　响应内容,用于定义向用户呈现的内容以及是否结束当前会话。

(1) sessionAttributes 参数说明

此字段保留请求意图的关键词槽,主要用在多轮对话确认意图中。key－value,key 是代表属性名称,value 是代表属性值。

(2) response 参数说明

outputSpeech　表示本次返回结果中需要播报的语音信息。

type　TTS 类型,取值如下：

◇ PlainText　普通文本;

◇ SSML　一种结构化语言,用于辅助描述语音发音声调。

text　普通文本内容。当 type 取值为 PlainText 时,该字段为必选字段。其长度不能超过 256 个字符。

ssml　结构化描述内容,详见 ssml 文档。当 type 为 SSML 时,该字段为必选字段。其长度不能超过 256 个字符。

playBehavior　用于确定输出语音的列表播放情况。

reprompt　reprompt. outputSpeech 参数定义与上述 outputSpeech 的定义一致。在需要用户输入时,如果用户离开了,麦克风没有进行语音输入,或用户输入的语音请求系统无法解析成技能的任何意图,则播报 reprompt 内容。

card　用户用于输出的展示卡片,详见后面 card 的相关介绍。

directives　技能输出的指令,指令目前有 4 种:对话指令、播放指令、屏幕展示指令以及业务相关指令,介绍详见后面的对话指令、AudioPlayer 音频播放、Video-Player 视频播放和展现模板。

shouldEndSession　本次会话结束标识,取值如下：

◇ true　表示本次会话结束,技能退出;

◇ false　表示会话没有结束,技能需要用户进行对话响应。

响应消息示例：

```json
{
    "version": "1.0",
    "sessionAttributes" : {}
    "response": {
        "outputSpeech": {
            "type": "PlainText",
            "text": "请问您想预订哪天的票?"
        },
        "reprompt": {
            "outputSpeech": {
                "type": "PlainText",
                "text": "请问您想预订哪天的票?"
            }
        },
        "directives" : [{
            "type": "Dialog.ElicitSlot",
            "slotToElicit": "time",
            "updatedIntent": {
                "name": "personal_plane_ticket.book",
                "confirmationStatus": "NONE",
                "slots": {
                    "from_city": {
                        "name": "from_city",
                        "value": "北京",
                        "confirmationStatus": "NONE"
                    },
                    "to_city": {
                        "name": "to_city",
                        "value": "上海",
                        "confirmationStatus": "NONE"
                    }
                }
            }
        }
```

```
}],
    "shouldEndSession" : false
  }
}
```

4. Dialog 对话指令介绍

Dialog 对话指令提供了用于管理技能与用户之间的多轮对话的指令,可通过这些指令向用户询问完成请求所需的信息,存在于 Respnse 返回的 directives 参数中。

多轮对话或会话的步骤如下:

在一个 Azero 的技能中,Azero 多次提出问题,用户给出答案的对话是一个多轮的对话。对话与用户请求的特定意图相关联,用户的反馈结果被用于收集、验证和确认槽位值,直到对话模型中定义的规则填充并确认意图所需的所有槽位才结束。

目前 Azero 平台共支持 5 种对话指令,如下:

Dialog. Delegate;

Dialog. ElicitSlot;

Dialog. ConfirmSlot;

Dialog. ConfirmIntent;

Dialog. UpdateDynamicEntities。

(1) Dialog. Delegate 指令

Dialog. Delegate 指令将对话代理给 Azero 完成,Azero 询问和确认槽位的话术使用的是开发者在技能开放平台默认配置的话术。

只能在 request 中 dialogState 字段为 STARTED 或 IN_PROGRESS 时才能返回该指令,当 dialogState 为 COMPLETED 时,由于必要槽位填写和确认都已经完成,所以不能返回该指令。

例如,在"预订飞机票"场景中,因为需要多个必填槽位信息,所以开发者可以在技能开放平台配置默认的填槽话术,并将整个会话过程代理给 Azero。Azero 会自动询问和确认必要的槽位或意图。会话中,每一轮与用户的交互结果都会返回给技能,技能可以根据自身资源决定下一轮是否继续代理过程。

响应消息示例:

```
{
  "type": "Dialog.Delegate",
  "updatedIntent": {
      "name": "{{STRING}}",
      "confirmationStatus": "NONE",
      "slots": {
```

```
    "{{STRING}}": {
        "name": "{{STRING}}",
        "value": "{{STRING}}",
        "confirmationStatus": "NONE"
    }
}
}
}
```

响应参数说明：

type　对话指令类型，即"Dialog. Delegate"。

updatedIntent　Azero 发送给技能的意图结果，或技能结合自身资源信息修正后的结果。updatedIntent. name 名称必须是 Azero 发送给技能的请求中的意图名称之一。

（2）Dialog. ElicitSlot 指令

Dialog. ElicitSlot 指令：技能向 Azero 询问不知道的槽位。

例如，在"预订飞机票"场景中，需要收集用户的出发时间、出发城市、到达城市信息以预订飞机票。在技能收到预订飞机票意图后，可以返回对出发时间的询问，例如"请问您想预订哪天的飞机票"，并指定 slotToElicit 为时间的槽位名 time。Azero 会分析出用户回答内容，并将槽位信息填写到 time 槽位中。

响应消息示例：

```
{
    "type": "Dialog.ElicitSlot",
    "slotToElicit": "time",
    "updatedIntent": {
        "name": "{{STRING}}",
        "confirmationStatus": "NONE",
        "slots": {
            "{{STRING}}": {
                "name": "{{STRING}}",
                "values": ["{{STRING}}"],
                "confirmationStatus": "NONE"
            }
        }
    }
}
```

响应参数说明：

type 对话指令类型，即"Dialog. ElicitSlot"。

slotToElicit 对话指令需要询问的槽位。

updatedIntent Azero 发送给技能的意图结果，或技能结合自身资源信息修正后的结果。updatedIntent. name 名称必须是 Azero 发送给技能的请求中的意图名称之一。

(3) Dialog. ConfirmSlot 指令

Dialog. ConfirmSlot 指令：技能向 Azero 确认意图中的槽位。

例如，在"预订飞机票"场景中，可对用户的预订时间、出发城市、到达城市槽位进行确认，在技能收到预订飞机票意图和槽位后，可以返回对应槽位信息的确认，例如"请问您确定后天出发吗？"

Azero 会分析出用户回答的内容，如果用户回答了确定话术，那么对应槽位的 confirmationStatus 设置为 CONFIRMED；如果用户回答了否定话术，则对应槽位的 confirmationStatus 设置为 DENIED。

响应消息示例：

```
{
    "type": "Dialog.ConfirmSlot",
    "slotToConfirm": "time",
    "updatedIntent": {
        "name": "{{STRING}}",
        "confirmationStatus": "NONE",
        "slots": {
            "{{STRING}}": {
                "name": "{{STRING}}",
                "value": "{{STRING}}",
                "confirmationStatus": "NONE"
            }
        }
    }
}
```

响应参数说明：

type 对话指令类型，即"Dialog. ConfirmSlot"。

slotToConfirm 对话指令需要确认的槽位。

updatedIntent Azero 发送给技能的意图结果，或技能结合自身资源信息修正后的结果。updatedIntent. name 名称必须是 Azero 发送给技能的请求中的意图名称之一。

（4）Dialog. ConfirmIntent 指令

Dialog. ConfirmIntent 指令：技能向 Azero 确认用户提供的意图。

例如，在"预订飞机票"场景中需要确认用户预订飞机票相关的信息，在技能收到预订飞机票意图和全部必填槽位后，可以返回对意图的确认，例如"请问您确定要预订后天北京到上海的飞机票吗？"

Azero 会分析出用户回答内容，如果用户回答了确定话术，那么 updatedIntent. confirmationStatus 设置为 CONFIRMED；如果用户回答了否定话术，那么 updated-Intent. confirmationStatus 设置为 DENIED。

响应消息示例：

```json
{
    "type": "Dialog.ConfirmIntent",
    "updatedIntent": {
        "name": "personal_plane_ticket.book",
            "confirmationStatus": "NONE",
            "slots": {
                "time": {
                    "name": "time",
                    "value": "后天",
                    "confirmationStatus": "NONE"
                },
                "from_city": {
                    "name": "from_city",
                    "value": "北京",
                    "confirmationStatus": "NONE"
                },
                "to_city": {
                    "name": "to_city",
                    "value": "上海",
                    "confirmationStatus": "NONE"
                }
            }
    }
}
```

```
    }],
    "shouldEndSession" : false
  }
}
```

响应参数说明：

type　对话指令类型，即"Dialog. ConfirmIntent"。

updatedIntent　Azero 发送给技能的意图结果，或技能结合自身资源信息修正后的结果。updatedIntent. name 名称必须是 Azero 发送给技能的请求中的意图名称之一。

(5) Dialog. UpdateDynamicEntities 指令

Dialog. UpdateDynamicEntities 指令：在运行时调整交互模型。此指令通过允许技能动态创建新实体来增强技能预先定义的静态目录。

5. 有屏设备上的技能展示

下面将介绍如何在技能服务代码中使用显示模板，以实现技能在有屏设备上的展示。

技能模板可在 Response 返回的 Card 和 directives 中的 DisTemplated 进行设置。

说明：

① 如果技能同时返回 Card 和 directives 展示模板时，设备端会优先显示展示模板指令内容。

② 若无屏设备使用为有屏设备创建的技能时，同样可以正常使用，它始终会以语音方式返回给用户相关内容的 TTS。

③ 有屏技能设计的相关规范，例如：文本设计、图片设置等规范在此不进行详细介绍，如想了解更多相关内容请参考 Azero 官方网站。

(1) Card 指令

Card 提供两类显示模板：Body 模板和 List 模板。

1）Body 模板

Body 模板显示文字和图像。

响应消息示例：

```
{
  "type": "string",
  "token": "string"
}
```

2）List 模板

List 模板显示可滚动的项目列表，每个项目有关联的文字和可选图像的滚动列表。

响应消息示例：

```
{

    "type": "string",

    "token": "string",

    "listItems": [ ]

}
```

对于每个模板的 JSON 接口，text 或 image 字段的字符串可以为空或 null。

其中 List 模板必须至少包含一个列表项。

响应参数说明：

type　要呈现的 Card 类型。

token　Card 的唯一 token。

text　展示的内容信息。

title　展示的标题。

image　展示的图片。

URL　链接地址。

（2）Display Template 指令

为了更好地将技能的内容在有屏设备上给用户展现，Azero 提供了多种预置模板供开发者使用。技能开发者只需将想要展示的内容在所提供的模板中进行设置，根据技能的实际应用场景选择最为适合的模板即可。

展现模板分 BodyTemplate 和 ListTemplate 两种类型，下面分别进行介绍：

1）BodyTemplate

BodyTemplate 共有 5 种类型模板可供选择：

➤ BodyTemplate1

此模板适用于展示纯文本信息场景，包含以下内容：

标题　技能名称或者技能当前页面主题。

技能图标　开发者在技能发布时需进行上传。

文本内容　技能交互时界面展示的文本信息。

背景图片　技能交互时作为背景展示的图片（可选）。

响应消息示例：

```
{
    "type":"BodyTemplate1",
    "token": "string",
    "backButton": "VISIBLE"(default) | "HIDDEN",
    "backgroundImage": Image,
    "title": "string",
    "textContent": TextContent
}
```

响应参数说明：

type　　模板类型。

token　　模板的唯一标识。

backButton　　返回按钮(展示/隐藏)。

backgroundImage　　背景图片。

title　　标题。

textConent　　展示的文本内容。

模板示例如图 3-22 所示。

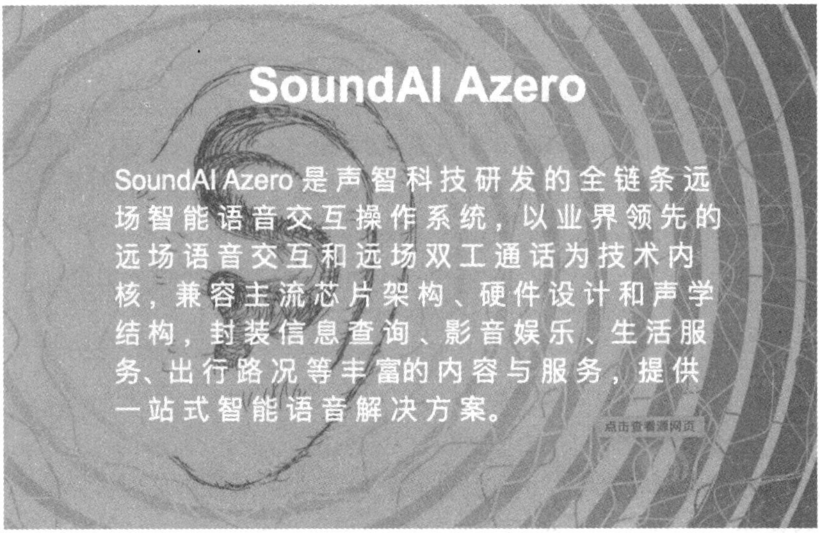

图 3-22　模板(1)

➤ BodyTemplate2

此模板适用于同时展示图片和文字的使用场景,其中图片展现在屏幕右侧,文字展现在屏幕左侧,包含以下内容:

标题　　技能名称或者技能当前页面主题。

技能图标　开发者在技能发布时需进行上传。

文本内容　技能交互时界面展示的文本信息。

图片　技能交互时界面展示的图片。

背景图片　技能交互时作为背景展示的图片(可选)。

引导　引导内容 hint(可选)。

URL　链接(可选)。

响应消息示例:

```
{

    "type": "BodyTemplate2",

    "token": "string",

    "backButton": "VISIBLE"(default) | "HIDDEN",

    "backgroundImage": "Image",

    "title": "string",

    "image": Image,

    "textContent": TextContent

}
```

响应参数说明:

type　模板类型。

token　模板的唯一标识。

backButton　返回按钮(展示/隐藏)。

backgroundImage　背景图片。

title　标题。

image　展示的图片。

textConent　展示的文本内容。

模板示例如图 3-23 所示。

➢ BodyTemplate3

此模板适用于同时展示图片和文字的使用场景,其中图片展现在屏幕左侧,文字展现在屏幕右侧,包含以下内容:

标题　技能名称或者技能当前页面主题。

技能图标　开发者在技能发布时需进行上传。

文本内容　技能交互时界面展示的文本信息。

图片　技能交互时界面展示的图片。

背景图片　技能交互时作为背景展示的图片(可选)。

URL　链接(可选)。

图 3-23　模板(2)

响应消息示例：

```
{
    "type": "BodyTemplate3",
    "token": "string",
    "backButton": "VISIBLE"(default) | "HIDDEN",
    "backgroundImage": "Image",
    "title": "string",
    "image": Image,
    "textContent": TextContent
}
```

响应参数说明：

type　模板类型。

token　模板的唯一标识。

backButton　返回按钮(展示/隐藏)。

backgroundImage　背景图片。

title　标题。

image　展示的图片。

textConent　展示的文本内容。

模板示例如图 3-24 所示。

图 3 - 24 模板(3)

➤ BodyTemplate4

此模板适用于展示文字和背景图片使用场景,其中背景图片可在屏幕区域内进行自适应展示,包含以下内容:

技能图标 开发者在技能发布时需进行上传。

背景图片 技能交互时作为背景展示的图片(可选)。

引导 引导内容 hint(可选)。

响应消息示例:

```
{

    "type": "BodyTempate4",

    "token": "string",

    "backButton": "VISIBLE"(default) | "HIDDEN",

    "backgroundImage": Image,

    "image": "Image",

    "textContent": TextContent

}
```

响应参数说明:

type 模板类型。

token 模板的唯一标识。

backButton 返回按钮(展示/隐藏)。

backgroundImage 背景图片。

image 展示的图片。

textConent 展示的文本内容。

模板示例如图 3 - 25 所示。

图 3 - 25 模板(4)

➢ BodyTemplate5

此模板适用于展示可缩放的前景图片以及带有背景图片的使用场景,包含以下内容:

标题 技能名称或者技能当前页面主题。

技能图标 开发者在技能发布时需进行上传。

图片 技能交互时界面展示的图片(可缩放)。

背景图片 技能交互时作为背景展示的图片(可选)。

响应消息示例:

```
{
    "type": "BodyTemplate5",
    "token": "string",
    "backButton": "VISIBLE"(default) | "HIDDEN",
    "backgroundImage": "Image",
    "title": "string",
    "image": Image,
}
```

响应参数说明:

type 模板类型。

token 模板的唯一标识。

backButton 返回按钮(展示/隐藏)。

backgroundImage　背景图片。

title　标题。

image　展示的图片。

模板示例如图 3 - 26 所示。

图 3 - 26　模板(5)

2) ListTemplate

ListTemplate 有 2 种类型模板可供选择为 ListTemplat1 和 ListTemplat2。

➢ ListTemplate1

此模板是纵向列表模板,适用于展现纵向的文本和图片场景,包含以下内容:

标题　技能名称或者技能当前页面主题。

技能图标　开发者在技能发布时需进行上传。

图片　技能交互时界面展示的图片(可选)。

图片序号　图片的排序。

背景图片　技能交互时作为背景展示的图片(可选)。

文本　有以下几种类型:

◇ 一级文本 primaryText;

◇ 二级文本 secondaryText(可选);

◇ 三级文本 tertiaryText(可选)。

响应消息示例:

```
{
    "type": "ListTemplate1",
    "token": "string",
```

```
"backButton": "VISIBLE"(default) | "HIDDEN",
"backgroundImage": "Image",
"title": "string",
"listItems": [
  {
    "token": "string",
    "image": Image,
    "textContent": TextContent
  },
  ...
  ...
  {
    "token": "string",
    "image": Image,
    "textContent": TextContent
  }
]
}
```

响应参数说明：

type　模板类型。

token　模板的唯一标识。

backButton　返回按钮(展示/隐藏)。

backgroundImage　背景图片。

title　标题。

listItems　列表项,包含文本和图片信息。

模板示例如图 3-27 所示。

➢ ListTemplate2

此模板是横向列表模板,适用于展现横向的文本和图片场景,包含以下内容：

标题　技能名称或者技能当前页面主题。

技能图标　开发者在技能发布时需进行上传。

图片　技能交互时界面展示的图片(可选)。

图片序号　图片的排序。

背景图片　技能交互时作为背景展示的图片(可选)。

文本　有以下几种：

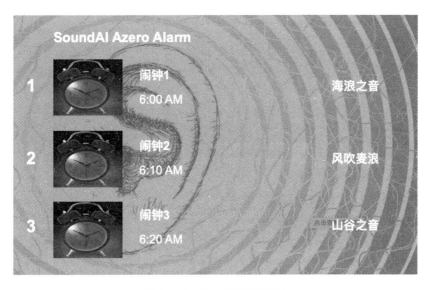

图 3 - 27 纵向列表模板(1)

◇ 一级文本 primaryText；

◇ 二级文本 secondaryText(可选) 。

引导 引导内容 hint(可选)。

响应消息示例：

```
{

  "type": "ListTemplate2",

  "token": "string",

  "backButton": "VISIBLE"(default) | "HIDDEN",

  "backgroundImage": "Image",

  "title": "string",

  "listItems": [

    {

      "token": "string",

      "image": Image,

      "textContent": TextContent

    },

    ...

    ...

    {

      "token": "string",
```

```
        "image": Image,
        "textContent": TextContent
    },
  ]
}
```

响应参数说明:

type 模板类型。

token 模板的唯一标识。

backButton 返回按钮(展示/隐藏)。

backgroundImage 背景图片。

title 标题。

listItems 列表项,包含文本和图片信息。

模板示例如图 3-28 所示。

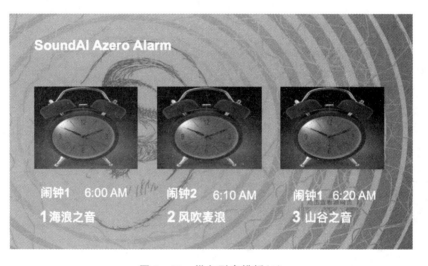

图 3-28 纵向列表模板(2)

3.2 内容信源技能案例

内容信源包括:音乐类、新闻类、有声类、视频类。

内容信源接入适合拥有相关媒体资源的开发者,Azero 已预置相应交互模型,开发者无需对指令进行配置。当指令触发时,Azero 服务端会从资源方提供的接口中请求资源与设备端进行交互。

下面以音乐类为例,介绍内容信源技能如何接入 Azero 的流程以及用户和技能交互时所涉及的接口情况。

3.2.1　技能创建流程

1.设计技能交互

设计所创建技能的使用场景,以及在场景下技能如何与用户进行有效的语音交互。例如:用户可能发送的请求、技能处理用户请求之后返回的结果等。在设计过程中,可参考 Azero 技能交互设计规范。

(1)在控制台中创建技能

进入技能中心首页,单击创建技能,选择内容信源中你想要创建的技能类型,填写技能名称进行创建。创建内容信源类技能如图 3-29 所示。

图 3-29　创建内容信源类技能

(2)创建服务信息

1)添加技能基本信息

技能的基本信息包括:技能名称、技能 ID、技能分类、应用场景、技能权限、技能简介、技能 Logo 等技能信息。

2)创建技能名称

技能名称为对所创建技能的命名。若技能公开到技能商城展示,则技能名称应能让用户快速查找、理解技能的能力。

创建技能名称:"小易音乐"。

3）创建技能 ID

技能的唯一标识,由系统自动生成,不可进行修改。

4）技能分类

所创建的内容信源技能所属的类别,包括:音乐类、新闻类、有声类、视频类。

5）选择应用场景

应用场景:有屏/无屏。

选择技能是适用在有屏还是无屏场景下,可同时选择。

6）选择技能权限

技能类型:私有/公开。

选择创建的技能是私有还是公开,可同时选择。

私有技能:仅可作为自己使用的技能。

公开技能:通过审核后,可作为第三方技能供用户使用。

7）填写技能简介

技能简介:小易音乐可播放不同曲风、歌手的歌曲。

8）添加技能 Logo

可为技能设置图标,如图 3 - 30 所示。

▎基本信息

* **技能名称** ⓘ   小易音乐

* **技能ID** ⓘ   5d8db330bf50e900063dabf7

* **技能分类** ⓘ   游戏娱乐

* **应用场景** ⓘ   ☑ 无屏   ☑ 有屏

* **技能权限** ⓘ   ○ 私有   ◉ 公开

* **技能简介** ⓘ   可播放不同曲风、歌手的歌曲

技能LOGO ⓘ

图片尺寸不超过 480 × 480 px, 大小不超过 5MB, 支持 .png .jpg .jpeg格式文件

图 3 - 30　添加的基本信息(小易音乐)

2. 服务部署

添加配置信息如下：

更新频率 信源内容更新的频率，设置后 Azero 可根据所设置的更新频率实时获取最新链接地址。可设置的更新频率为：每小时/每天/每周/实时。

资源地址 提供信源内容的资源地址。Azero 服务端通过内容信源技能开发者所提供的资源地址进行访问。

添加服务部署信息如图 3-31 所示。

‖ 服务部署

　Azero已经为您生成内容播报技能的交互模型，您只需要根据音乐资源Schema提供资源文件并配置相关资源信息即可完成技能的创建

* 更新频率 ⓘ　　　请选择更新频率　　　　　　　　　　　　　　　　　　　　　　▼

* 资源地址 ⓘ

图 3-31　添加服务部署信息

3. 技能测试

当创建完内容信源的相关信息后，可通过模拟测试来验证技能响应结果与设置的是否相符，若有问题则应及时进行修正。模拟测试如图 3-32 所示。

图 3-32　模拟测试

4. 技能发布

(1) 发布上线

当所创建的技能测试无误后,填写技能的相关基本信息,然后提交平台审核,当平台审核通过后技能便可发布使用,若所创建的技能为公开技能,则可在技能商城第三方技能中被其他开发者引用。

技能发布需填入的基本信息规范与创建技能时填入的基本信息规范一致。

添加发布信息如图 3 - 33 所示。

发布信息

* **技能名称** ⓘ　小易音乐

* **技能ID** ⓘ　5d8db330bf50e900063dabf7

* **技能分类** ⓘ　游戏娱乐　　　　　　　　　　　　▾

* **应用场景** ⓘ　☑ 无屏　☑ 有屏

* **技能权限** ⓘ　○ 私有　◉ 公开

* **技能简介** ⓘ　可播放不同曲风、歌手的歌曲

* **话术示例1** ⓘ　播放周杰伦的青花瓷

* **话术示例2** ⓘ　我想听民谣风格的歌曲

* **版本号** ⓘ　V1.0.0

图 3 - 33　添加发布信息

对所创建的"声智音乐"技能的相关信息发布之前再次进行确认,确认无误后可进行发布上线,当发布审核通过后技能便可在设备上正式进行使用。

(2) 版本管理

当技能申请发布后,可在版本管理中查看技能目前的状态。

对所发布的内容信源技能情况，可在版本管理中进行查看。

3.2.2 相关接口介绍

AudioPlayer 接口提供音频播放进程相关的指令和请求。技能可以将指令发送给 Azero 服务端来对端上开始和停止播放音频进行控制。Azero 服务端会将设备端播放过程中相应的状态发送给技能以请求技能做出响应。

播放控制的内置意图：当技能发送 Play 指令开始播放时，Azero 服务端会将音频发送到设备进行播放。

在此期间，用户可以调用以下内置播放意图，而无需使用技能的调用名称。

例如：上一曲/下一曲/暂停/播放/取消等，部分内置意图如下：

AZERO. CancelIntent；

AZERO. LoopOffIntent；

AZERO. LoopOnIntent；

AZERO. NextIntent；

AZERO. PauseIntent；

AZERO. PreviousIntent；

AZERO. RepeatIntent；

AZERO. ResumeIntent；

AZERO. ShuffleOffIntent；

AZERO. ShuffleOnIntent；

AZERO. StartOverIntent。

指令与事件介绍如下：

1. AudioPlay 指令

1）AudioPlayer. Play 指令

播放。

2）AudioPlayer. Stop 指令

停止播放。

3）AudioPlayer. ClearQueue 指令

清除音频播放列表。

消息示例：

```
{
    "version": "1.0",
    "sessionAttributes": {},
    "response": {
```

```
    "outputSpeech": {},
    "card": {},
    "reprompt": {},
    "shouldEndSession": true,
    "directives": [
      {
        "type": "AudioPlayer.Play",
        "playBehavior": "ENQUEUE",
        "audioItem": {
        "stream": {
          "url":
"https://cdn.example.com/url-of-the-mp3-to-play/audiofile.mp3",
          "token": "1234AAAABBBBCCCCDDDDEEEEEFFFF",
          "expectedPreviousToken": "9876ZZZZZZZYYYYYYYYYXXXXXXXXXXX",
          "offsetInMilliseconds": 0
          },
          "metadata": {
            "title": "My opinion: how could you diss-a-brie?",
            "subtitle": "Vince Fontana",
            "art": {
              "sources": [
                {
                  "url":
"https://cdn.example.com/url-of-the-skill-image/brie-album-art.png"
                }
              ]
            },
            "backgroundImage": {
              "sources": [
                {
                  "url":
"https://cdn.example.com/url-of-the-skill-image/brie-background.png"
                }
              ]
```

```
                    }
                }
            }
        }
    ]
  }
}
```

参数说明：

type　AudioPlayer 指令类型，即"AudioPlayer. Play"。

playBehavior　描述播放的行为，可能的值如下：

◇ REPLACE_ALL　立即播放指令关联的音频，并替换播放列表。例如，"播放林俊杰的歌曲""播放岳云鹏的相声"。

◇ REPLACE_ENQUEUED　把指令关联的音频加到播放列表同时清空播放列表，但当前播放的歌曲不受影响。例如，"这首歌播放完后播放周杰伦的歌曲""单曲循环、列表循环、随机播放"。

◇ ENQUEUE　把指令关联的音频添加到播放列表末尾，当前播放的音频不受影响，预先获取下一个。

audioItem　音频的详细信息。

◇ audioItem. stream　音频流相关的信息。

◇ audioItem. stream. url　音频流地址。

◇ audioItem. stream. streamFormat　播放的音频流的格式。

◇ audioItem. stream. offsetInMilliSeconds　音频播放起始点。

◇ audioItem. stream. token　唯一标识此次 directive 中播放的音频流的 token。

◇ audioItem. stream. expectedPreviousToken　表示上一个预期音频的 token。

◇ audioItem. metadata　音频展现的相关信息，在有屏设备端播放音频资源时，会对 metadata 的信息进行展现，如歌词、歌手图片等，可选择是否展示。

◇ audioItem. metadata. title　音频的标题，比如歌曲名"成都"。

◇ audioItem. metadata. subtitle　音频展现信息的具体文本，比如类别或艺术家名称。

◇ audioItem. metadata. content. art　音频封面图片，比如音乐里专辑的封面图。

◇ audioItem. metadata. backgroundImage　音频要显示的背景图像。

4）AudioPlayer. Stop 指令

用于在设备端停止播放音频。

消息示例：

```
{
    "type": "AudioPlayer.Stop"
}
```

参数说明：

type　AudioPlayer 指令类型，即"AudioPlayer.Stop"。

5）AudioPlayer.ClearQueue 指令

清除音频播放列表。

消息示例：

```
{
    "type": "AudioPlayer.ClearQueue",
    "clearBehavior" : "valid clearBehavior value such as CLEAR_ALL"
}
```

参数说明：

type　AudioPlayer 指令类型，即"AudioPlayer.ClearQueue"。

clearBehavior　描述清楚播放的行为。

◇ REPLACE_ENQUEUED　清除播放列表并继续播放当前播放的音频。

◇ REPLACE_ALL　清除整个播放列表并停止当前播放的音频。

2．AudioPlayer 事件

1）AudioPlayer.PlaybackStarted 事件

播放开始。

2）AudioPlayer.PlaybackStopped 事件

播放暂停。

3）AudioPlayer.PlaybackNearlyFinished 事件

在播放即将结束时上报的事件。

4）AudioPlayer.PlaybackFinished 事件

播放结束，即一首歌播放完后上报的事件。

5）AudioPlayer.PlaybackFailed 事件

当设备端播放 Audio item 发生错误时上报此事件。

6）System.ExceptionEncountered 事件

如果对 AudioPlayer 请求的响应导致错误，则 Azero 服务端向技能上报此事件，响应中包含的任何指令都将被忽略。

7）AudioPlayer.PlaybackStarted 事件

客户端在开始播放时，Azero 服务端向技能上报此事件。

消息示例：

```
{

    "type": "AudioPlayer.PlaybackStarted",

    "requestId": "unique.id.for.the.request",

    "timestamp": "timestamp of request in format: 2019-04-11T15:15:25Z",

    "token": "token representing the currently playing stream",

    "offsetInMilliseconds": 0,

    "locale": "a locale code such as en-US"

}
```

参数说明：

type　请求类型，取固定值"AudeoPlayer.PlaybackStarted"。

requestId　标识本次请求的唯一 ID。

timestamp　请求时间戳，整数类型，单位是秒。

token　音频播放过程中的唯一标识。

offsetInMilliseconds　事件上报时音频播放的时间点。

8）AudioPlayer.PlaybackStopped 事件

当用户说"停止播放"后，Azero 服务端向技能上报此事件，请求技能保存音频播放信息。

消息示例：

```
{

    "type": "AudioPlayer.PlaybackStopped",

    "requestId": "unique.id.for.the.request",

    "timestamp": "timestamp of request in format: 2018-04-11T15:15:25Z",

    "token": "token representing the currently playing stream",

    "offsetInMilliseconds": 0,

    "locale": "a locale code such as en-US"

}
```

参数说明：

type　请求类型，即字符串"AudioPlayer.PlaybackStopped"。

requestId　标识本次请求的唯一 ID。

timestamp　请求时间戳，单位是秒，一个全部是数字的字符串。

token　对应到播放的音频 ID。

offsetInMilliSeconds　事件上报时音频流的播放点。

9）AudioPlayer. PlaybackNearlyFinished 事件

当前 Audioitem 播放快要结束，准备缓冲或下载播放队列中的下一个 Audioitem 时，Azero 会向技能上报此事件。技能收到该事件后可以返回 AudioPlayer. Play 指令，将下一个 Audioitem 添加到播放队列中。

消息示例：

```
{

    "type": "AudioPlayer.PlaybackNearlyFinished",

    "requestId": "unique.id.for.the.request",

    "timestamp": "timestamp of request in format: 2018 - 04 - 11T15:15:25Z",

    "token": "token representing the currently playing stream",

    "offsetInMilliseconds": 0,

    "locale": "a locale code such as en - US"

}
```

参数说明：

type   请求类型，即字符"AudioPlayer. PlaybackNearlyFinished"。

requestId   标识本次请求的唯一 ID。

timestamp   请求时间戳，单位是秒，一个全部是数字的字符串。

token   对应到播放的音频 ID。

offsetInMilliSeconds   事件上报时音频流的播放点。

10）AudioPlayer. PlaybackFinished 事件

当音频播放结束时，Azero 服务端向技能上报此事件。

消息示例：

```
{

    "type": "AudioPlayer.PlaybackFinished",

    "requestId": "unique.id.for.the.request",

    "timestamp": "timestamp of request in format: 2018 - 04 - 11T15:15:25Z",

    "token": "token representing the currently playing stream",

    "offsetInMilliseconds": 0,

    "locale": "a locale code such as en - US"

}
```

参数说明：

type   请求类型，即字符串"AudioPlayer. PlaybackFinished"。

requestId   标识本次请求的唯一 ID。

timestamp　请求时间戳,单位是秒,一个全部是数字的字符串。

token　对应到播放的音频 ID。

offsetInMilliSeconds　事件上报时音频流的播放点。

11）AudioPlayer. PlaybackFailed 事件

当设备端播放 audioitem 发生错误时,Azero 服务端向技能上报此事件。

消息示例:

```
{
    "type": "AudioPlayer.PlaybackFailed",
    "requestId": "unique.id.for.the.request",
    "timestamp": "timestamp of request in format: 2018 - 04 - 11T15:15:25Z",
    "token": "token representing the currently playing stream",
    "offsetInMilliseconds": 0,
    "locale": "a locale code such as en - US",
    "error": {
        "type": "error code",
        "message": "description of the error that occurred"
    },
    "currentPlaybackState": {
        "token": "token representing stream playing when error occurred",
        "offsetInMilliseconds": 0,
        "playerActivity": "player state when error occurred, such as PLAYING"
    }
}
```

参数说明:

type　请求类型,即字符串"AudioPlayer. PlaybackFailed"。

requestId　标识本次请求的唯一 ID。

timestamp　请求时间戳,单位是秒,一个全部是数字的字符串。

token　对应到播放的音频 ID。

offsetInMilliSeconds　事件上报时音频流的播放点。

error　错误信息的对象内容。

currentPlaybackState　提供有关错误发生时播放活动的详细信息。

12）System. ExceptionEncountered 事件

如果对 AudioPlayer 请求的响应导致错误,则 Azero 服务端向技能上报此事件,响应中包含的任何指令都将被忽略。

消息示例：

```
{
    "type": "System.ExceptionEncountered",
    "requestId": "unique.id.for.the.request",
    "timestamp": "timestamp of request in format：2018-04-11T15:15:25Z",
    "locale": "a locale code such as en-US",
    "error": {
        "type": "error code such as INVALID_RESPONSE",
        "message": "description of the error that occurred"
    },
    "cause": {
        "requestId": "unique identifier for the request that caused the error"
    }
}
```

参数说明：

type　请求类型，即字符串"System.ExceptionEncountered"。

requestId　标识本次请求的唯一 ID。

timestamp　请求时间戳，单位是秒，一个全部是数字的字符串。

token　对应到播放的音频 ID。

offsetInMilliSeconds　事件上报时音频流的播放点。

error　错误信息的对象内容。提供有关错误发生时播放活动的详细信息。

3.3　智能家居技能案例

3.3.1　智能家居介绍

智能家居技能可让用户通过语音来控制智能设备以及查看设备的状态，如控制开灯、关灯、查看空调温度。

1. 智能家居设备工作流程

智能家居设备工作流程如图 3-34 所示。

以打开空调为例讲述智能设备的工作流程：

① 发现智能设备。用户需要将空调连接到对应 IoT 厂商的设备云上。

② 用户请求打开空调，用户说"xxxx，打开空调"。

③ Azero 解析用户请求，将相应的指令发送到智能家居技能。

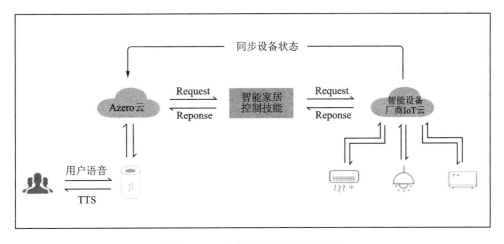

图 3 - 34　智能家居设备工作流程

④ 智能家居技能打开空调。

⑤ 智能家居技能向 Azero 返回空调的状态。

⑥ Azero 向用户返回处理结果,并会说"好的,已为你打开空调。"

2. 智能家居控制技能类别

Azero 智能家居可对设备的以下功能进行控制:

开关控制　打开电视、关闭卧室灯等。

灯光控制　把灯光调亮、卧室灯亮度调到 60% 等。

温度控制　空调温度调到 25 ℃、空调温度调低一点等。

风速度控制　空调风速调高、空调风速调到一挡等。

电视控制　切换到 CCTV5、下一个台等。

模式控制　空调切换到睡眠模式、空调切换到唤起模式等。

音响控制　电视声音调低一点、电视音量调到 50% 等。

3.3.2　技能接入条件

1. 通过 IoT 平台控制的设备

需要拥有连接自己 IoT 平台的设备,并可通过云平台进行控制。

2. IoT 平台接入

需要将 IoT 平台账号与 Azero 账号进行关联,使得同一用户可使自己的设备控制绑定智能家居。需要拥有可接收 Azero 发出的 https 请求的 server,当接收到请求时,需要控制 IoT 设备执行相关控制,并将状态信息返回给 Azero 平台。

3.3.3 技能创建流程

1. 设计技能交互

设计所创建技能的使用场景,以及在场景下技能如何与用户进行有效的语音交互。例如:用户可能发送的请求、技能处理用户请求之后返回的结果等。在设计过程中,可参考 Azero 技能交互设计规范。

(1) 在控制台中创建技能

进入技能中心首页,单击创建技能,选择智能家居技能,填写技能名称进行创建。创建智能家居技能如图 3 - 35 所示。

图 3 - 35　创建智能家居技能

(2) 创建服务信息

1) 添加技能基本信息

技能的基本信息包括:技能名称、技能 ID、技能简介、技能 Logo、设备类型、产品图片等技能信息。

2) 创建技能名称

技能名称为对所创建的智能家居技能的命名。

若技能公开到技能商城展示,则技能名称应能让用户快速查找、理解技能的能力。

3) 创建技能 ID

技能的唯一标识,由系统自动生成,不可进行修改。

4) 填写技能简介

介绍技能相关功能,描述技能所提供的服务。

技能简介:"小易 IoT 智能家居可对小易平台下空调、电视机、灯、冰箱等智能设备通过语音交互进行控制。"

5）添加技能 Logo

技能 Logo 会在技能商店中展示。

2. 服务部署

1）添加配置信息

当配置好技能交互模型后,需对技能进行部署工作。可通过编辑代码将技能部署到 Azero 服务器上或将技能部署到自己的服务器上,填写 Web Service 通过访问服务端来请求技能响应。

2）授权信息地址

可为技能添加授权信息,添加后在请求技能时需向技能进行授权。添加授权信息如图 3-36 所示。

授权信息配置

* 授权地址:

* Clienct ID:

* Clienct Secret:

* Token地址:

* 回调地址:

图 3-36　添加授权信息

3. 技能测试

当创建完智能家居技能的相关信息后,可通过模拟测试来验证技能响应结果与所设置的是否相符,若有问题则应及时进行修正。

4. 技能发布

（1）发布上线

当所创建的技能测试无误后,填写技能相关的基本信息后提交平台审核,当平台审核通过后技能便可发布使用,若创建的技能为公开技能,则可在技能商城第三方技能中被其他开发者引用。

注意：技能发布需填入的基本信息规范与创建技能时填入的基本信息规范一致。添加发布信息如图 3-37 所示。

| 基本信息

* 技能名称　　小易智能家居

* 技能ID　　　67fdsfre-0-redssf51fdfs6678

* 技能分类　　智能家居

* 技能类型　　☑私有　　○公开

* 技能付费　　◉免费　　○付费

* 技能简介　　小易智能家居可控制家里空调、电视机、冰箱等小易旗下的智能家居设备

图 3-37　添加发布信息

对所创建的"智能家居"技能的相关信息发布之前再次进行确认，确认无误后可进行发布上线，当发布审核通过后技能便可在设备上正式进行使用。

（2）版本管理

当技能申请发布后，可在版本管理中查看技能目前的状态。

对所发布的智能家居技能情况，可在版本管理中进行查看。

3.3.4　相关接口介绍

智能家居协议是 Azero 与智能家居技能之间的通信协议。智能家居协议使用 HTTPS 传输，协议采用 JSON 消息格式。通过协议可让用户通过语音控制家里的智能设备，与设备进行交互。

协议指令：智能家居协议指令（directives）由 header、endpoint 和 payload 组成。

1. header

header 具有一组在消息类型中相同的预期字段，提供不同类型的识别信息。

消息示例：

```
"header": {
    "namespace": "Azero.SmartHome.PowerController",
    "name": "TurnOn",
    "messageId": "<message id>",
    "correlationToken": "abcdef - 123456",
    "payloadVersion": "3"
}
```

参数说明：

namespace　指令的类别。

name　指令的名称。

messageId　消息的唯一标识符。

correlationToken　标识指令以及与其关联的一个或多个事件的标记。

payloadVersion　payload 的版本号。

2．endpoint

endpoint 标识指令的目标和事件的来源。

消息示例：

```
"endpoint": {
    "scope": {
        "type": "BearerToken",
        "token": "Azero - access - token"
    },
    "endpointId": "the identifier of the target endpoint",
    "cookie": {
        "key1": "some information",
        "key": "value pairs received during discovery"
    }
},
```

参数说明：

scope　授予消息交换的身份验证方面的多态对象。

endpointId　唯一的标识符。

cookie　键/值对列表。

3．payload

payload 的内容与 header 中的 name 值相关，不同类型指令的 payload 内容也不相同。

下面以空调为例来介绍 Azero 与智能家居技能之间的交互过程。

➤ 指令 1:发现设备

通过 Discover 指令以便客户找到与其账户关联的设备。

示例话术:"小易小易(唤醒词),发现我的设备。"

指令示例:

```
{
    "directive": {
        "header": {
            "namespace": "Azero.SmartHome.Discovery",
            "name": "Discover",
            "messageId": "<message id>",
            "payloadVersion": "3"
        },
            "payload": {
            "scope": {
                "type": "BearerToken",
                "token": "<an OAuth2 bearer token>"
            }
        }
    }
}
```

如果成功处理请求,则使用 Discover.Response 进行响应。

指令响应示例:

```
{
    "event": {
        "header": {
            "namespace": "Azero.SmartHome.Discovery",
            "name": "Discover.Response",
            "payloadVersion": "3",
            "messageId": "<message id>"
        },
        "payload": {
            "endpoints": [
```

```json
{
    "endpointId": "appliance-001",
    "manufacturerName": "Sample Manufacturer",
    "description": "Smart Light by Sample Manufacturer",
    "friendlyName": "Living Room Light",
    "additionalAttributes": {
        "manufacturer" : "Sample Manufacturer",
        "model" : "Sample Model",
        "serialNumber": "<the serial number of the device>",
        "firmwareVersion" : "<the firmware version of the device>",
        "softwareVersion": "<the software version of the device>",
        "customIdentifier": "<your custom identifier for the device>"
    },
    "displayCategories": [
        "LIGHT"
    ],
    "capabilities": [
        {
            "type": "AzeroInterface",
            "interface": "Azero.SmartHome.BrightnessController",
            "version": "3",
            "properties": {
                "supported": [
                    {
                        "name": "brightness"
                    }
                ],
                "proactivelyReported": true,
                "retrievable": true
            }
        },
        {
            "type": "AzeroInterface",
            "interface": "Azero.SmartHome.ColorController",
```

```
    "version": "3",
    "properties": {
      "supported": [
        {
            "name": "color"
        }
      ],
      "proactivelyReported": true,
      "retrievable": true
    }
  },
  {

    "type": "AzeroInterface",
    "interface": "Azero.SmartHome.ColorTemperatureController",
    "version": "3",
    "properties": {
      "supported": [
        {
            "name": "colorTemperatureInKelvin"
        }
      ],
      "proactivelyReported": true,
      "retrievable": true
    }
  },
  {

    "type": "AzeroInterface",
    "interface": "Azero.SmartHome.EndpointHealth",
    "version": "3",
    "properties": {
      "supported": [
        {
          "name": "connectivity"
        }
```

```
      ],
        "proactivelyReported": true,
        "retrievable": true
      }
    }
  ],
  "connections": [
    {
      "type": "TCP_IP",
      "macAddress": "00:11:22:AA:BB:33:44:55"
    },
    {
      "type": "ZIGBEE",
      "macAddress": "00:11:22:33:44:55"
    },
    {
      "type": "ZWAVE",
      "homeId": "<0x00000000>",
      "nodeId": "<0x00>"
    },
    {
      "type": "UNKNOWN",
      "value": "00:11:22:33:44:55"
    }
  ],
  "cookie": {
  }
  }
  ]
  }
}
}
```

➤ 指令 2:打开设备(TurnOn 指令)

示例:"小易小易,打开空调。"

指令示例：

```
{
  "directive": {
    "header": {
      "namespace": "Azero.SmartHome.PowerController",
      "name": "TurnOn",
      "messageId": "<message id>",
      "correlationToken": "<an opaque correlation token>",
      "payloadVersion": "3"
    },
    "endpoint": {
      "scope": {
        "type": "BearerToken",
        "token": "<an OAuth2 bearer token>"
      },
      "endpointId": "<endpoint id>",
      "cookie": {}
    },
    "payload": {}
  }
}
```

如果成功处理请求，则会以 Azero.Response 进行响应。

指令响应示例：

```
{
  "event": {
    "header": {
      "namespace": "Azero",
      "name": "Response",
      "messageId": "<message id>",
      "correlationToken": "<an opaque correlation token>",
      "payloadVersion": "3"
    },
    "endpoint": {
```

```json
      "scope": {
        "type": "BearerToken",
        "token": "<an OAuth2 bearer token>"
      },
      "endpointId": "<endpoint id>"
    },
    "payload": {}
  },
  "context": {
    "properties": [
      {
        "namespace": "Azero.SmartHome.PowerController",
        "name": "powerState",
        "value": "ON",
        "timeOfSample": "2017-02-03T16:20:50.52Z",
        "uncertaintyInMilliseconds": 500
      }
    ]
  }
}
```

➢ 指令 3:关闭设备(TurnOff 指令)

示例:"小易小易,关闭空调。"

指令示例:

```json
{
  "directive": {
    "header": {
      "namespace": "Azero.SmartHome.PowerController",
      "name": "TurnOff",
      "payloadVersion": "3",
      "messageId": "<message id>",
      "correlationToken": "<an opaque correlation token>"
    },
    "endpoint": {
      "scope": {
```

```
    "type": "BearerToken",
      "token": "access - token - from - skill"
    },
  "endpointId": "appliance - 001",
  "cookie": {}
  },
  "payload": {}
  }
}
```

如果成功处理请求,则会以 Azero.Response 进行响应。

指令响应示例:

```
{
  "event": {
    "header": {
      "namespace": "Azero",
      "name": "Response",
      "messageId": "<message id>",
      "correlationToken": "<an opaque correlation token>",
      "payloadVersion": "3"
    },
    "endpoint": {
      "scope": {
        "type": "BearerToken",
        "token": "<an OAuth2 bearer token>"
      },
      "endpointId": "<endpoint id>"
    },
    "payload": {}
  },
  "context": {
    "properties": [
      {
        "namespace": "Azero.SmartHome.PowerController",
        "name": "powerState",
```

```
    "value": "OFF",
    "timeOfSample": "2017 - 02 - 03T16:20:50.52Z",
    "uncertaintyInMilliseconds": 500
    }
   ]
  }
}
```

➤ 指令 4:设置设备模式(SetRangeValue 指令)

示例:"小易小易,把空调风速设置为 5。"

指令示例:

```
{
  "directive": {
    "header": {
      "namespace": "Azero. SmartHome. RangeController",
      "instance": "AirConditioning. Speed",
      "name": "SetRangeValue",
      "payloadVersion": "5",
      "messageId": "1bd5d003 - 31b9 - 476f - ad03 - 71d471922820",
      "correlationToken": "<an opaque correlation token>"
    },
    "endpoint": {
      "scope": {
        "type": "BearerToken",
        "token": "<an OAuth2 bearer token>"
      },
      "endpointId": "AirConditioning - 001",
      "cookie": {}
    },
    "payload": {
      "rangeValue": 5
    }
  }
}
```

指令响应示例：

```
{
  "event": {
    "header": {
      "messageId": "<message id>",
      "name": "Discover.Response",
      "namespace": "Azero.Discovery",
      "payloadVersion": "3"
    },
    "payload": {
      "endpoints": [
        {
          "endpointId": "AirConditioning-001",
          "description": "Device description for the customer",
          "displayCategories": [
            "OTHER"
          ],
          "friendlyName": "Basement Fan",
          "manufacturerName": "Example Manufacturer",
          "cookie": {},
          "capabilities": [
            {
              "type": "AzeroInterface",
              "interface": "Azero.RangeController",
              "version": "3",
              "instance": "AirConditioning.Speed",
              "capabilityResources": {
                "friendlyNames": [
                  {
                    "@type": "asset",
                    "value": {
                      "assetId": "Azero.Setting.AirConditioningSpeed"
                    }
                  }
                ]
```

```
          ]
        },
        "properties": {
          "supported": [
            {
              "name": "rangeValue"
            }
          ],
          "proactivelyReported": true,
          "retrievable": true
        },
        "configuration": {
          "supportedRange": {
            "minimumValue": 1,
            "maximumValue": 10,
            "precision": 1
          },
          "presets": [
            {
              "rangeValue": 10,
              "presetResources": {
                "friendlyNames": [
                  {
                    "@type": "asset",
                    "value": {
                      "assetId": "Azero.Value.Maximum"
                    }
                  },
                  {
                    "@type": "asset",
                    "value": {
                      "assetId": "Azero.Value.High"
                    }
                  },
```

```
                {
                    "@type": "text",
                    "value": {
                        "text": "Highest",
                    }
                }
            ]
        }
    }
    ]
}
},
{

    "type": "AzeroInterface",
    "interface": "Azero",
    "version": "3"
}
    ]
}
}
}
```

对于不同类别的智能家居有对应的控制指令，前面以空调部分指令为例介绍了在语音交互过程中 Azero 与智能家居技能交互的过程，如果想了解更多智能家居的控制指令，可上 Azero 官方网站查看更多内容。

第三部分　如何升级成智能语音硬件产品

　　智能生活始于智能设备,通过 Azero 智能设备接入可以轻松快速赋予音箱、电视、车载、机器人、可穿戴等设备语音唤醒、语音识别、NLP、语音合成等全链路语音交互能力,以及丰富强大的内容资源与服务,提供一站式智能语音解决方案,极大地降低使用门槛。

第 **4** 章

设备接入

4.1　设备接入介绍

通过将设备接入 Azero 系统,可让用户通过语音交互的方式与设备实现多种技能操作,同时为开发者提供多种可接入设备的技能,满足不同用户的需求,功能如下:

① 可通过语音指令控制设备播放音乐、视频、新闻、有声节目等,以满足用户的听觉需求。

② 可通过语音指令设置闹钟、提醒服务,以满足用户日常提示的需求。

③ 可通过语音订飞机票、电影票、外卖等,以满足用户生活类服务的需求。

除以上功能外,Azero 还有更多技能可让设备进行添加,可根据设备所需的功能来进行相应技能的配置。

4.2　设备接入流程

1. 在控制台中创建设备

进入设备中心首页,单击创建设备,选择设备类型以及设备系统类型,填写设备名称进行创建。创建设备如图 4 - 1 所示。

2. 创建服务信息

1) 添加设备基本信息

技能的基本信息包括:技能名称、设备类型、操作系统、设备唤醒词、设备情况、设备图片、设备简介等信息。

2) 创建设备名称

设备名称即为设备所创建的名字。

创建技能名称:“小易智能音箱”。

3) 选择设备类型

根据设备选择所属的类别,包括:音箱/电视/机器人/车载/冰箱/其他。

图 4-1 创建设备

4）选择操作系统

根据设备选择对应的操作系统,包括:Linux/Android。

5）填写产品 ID

填写产品的 ID。

6）选择设备是否有屏

选择设备是有屏设备还是无屏设备。

7）设备简介

可介绍设备的情况、使用场景以及可提供的服务等信息。

设备介绍:"小易智能音箱是一款有屏幕的智能音箱,可为用户播放歌曲、查询天气、预订闹钟等功能"。

8）设备图片

上传设备的图片,添加设备信息如图 4-2 所示。

3. 技能配置

根据设备想要为用户提供的功能,为其配置所需的技能。技能配置如图 4-3 所示。

技能分为官方技能、第三方技能及我的技能。

◇ 官方技能:Azero 平台提供的技能;

◇ 第三方技能:由第三方开发者提供的技能;

◇ 我的技能:由你自己所创建的技能。

4. 设备测试

当创建完设备相关信息后,可通过模拟测试来验证与设置的是否相符,若有问题则应及时进行修正。设备模拟测试如图 4-4 所示。

▌设备信息

* 设备名称 ⓘ　　小易智能音箱

* 设备类型 ⓘ　　音箱　　　　　　　　　　　　　　　　　　　　　▼

* 操作系统 ⓘ　　Linux　　　　　　　　　　　　　　　　　　　　　▼

* 产品ID ⓘ　　speakerxiaoyi

* 是否有屏 ⓘ　　○ 无屏　　◉ 有屏

* 设备简介 ⓘ　　小易智能音箱具备可播放歌曲、查询天气、播放新闻等功能

* 设备图片 ⓘ

尺寸 480 × 480 px，大小不超过 500K支持 .png .jpg .jpeg格式文件

图 4 - 2　添加设备信息

▌技能配置

官方技能　第三方技能　我的技能

图 4 - 3　技能配置

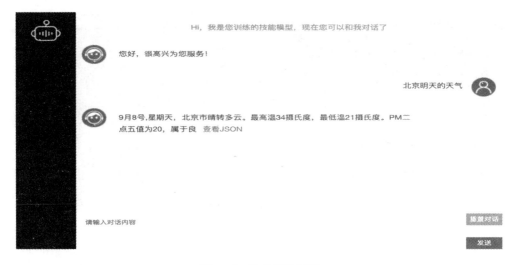

Hi，我是您训练的技能模型，现在您可以和我对话了

您好，很高兴为您服务！

北京明天的天气

9月8号，星期天，北京市晴转多云。最高温34摄氏度，最低温21摄氏度。PM二点五值为20，属于良　查看JSON

请输入对话内容

重置对话

发送

图 4-4　设备模拟测试

5. 设备认证

当所创建的设备测试无误后，填写设备相关基本信息然后提交平台审核，若未进行用户认证则需先进行企业或个人认证，认证通过后便可提交设备审核。

第5章

设备接入协议

5.1 设备介绍

5.1.1 设备简介

在第4章中,我们在云端中接入并配置了联网设备的接入准备工作,接着还需要对设备进行配置操作,通过本章的介绍,用户可以将一个独立的设备接入 Azero 体系生态中。

声智科技提供给联网终端设备的服务,需要集成在联网终端设备中;联网终端设备硬件上必须包含麦克风和扬声器。用户可以简单地与 AzeroOS 设备交互,让它播放音乐、回答问题、获取新闻和本地信息、控制智能家居产品等。通过免费的 Azero 应用程序,用户可以在任何地方方便地控制和管理他们的产品。

声智科技提供给联网终端设备一个用于与 Azero 服务通信的运行引擎。它还提供允许开发人员实现平台特定行为的接口,例如音频输入、媒体播放、模板和状态渲染以及电话控制,还包括一个示例应用程序,演示如何使用 AzeroOS 界面。

5.1.2 设备特点

1. 自然语音控制

Azero 有非常棒的自动会话识别和自然语言理解引擎,可以对语音请求及时识别和响应。

2. 更加智能

Azero 总是在变得更加智能,因为有不断增加的新能力和服务。通过机器学习、规则 API 更新、特性增加、用户 skill 增加来实现这一点。

3. 免费、高效集成

AVS API 是一种与编程语言无关的服务,容易集成到设备、服务和应用中,而且免费。可以建立手持设备比如电视遥控器，免提设备比如扬声器。Azero 提供设计的灵活性使设备能获得最好的语音用户体验。将 Azero 集成到已有设备中，Azero 提供硬件和软件开发工具帮助我们快速高效地集成 Azero 到已有产品中。

5.2 设备架构协议介绍

5.2.1 底层架构图

底层架构图如图 5-1 所示。

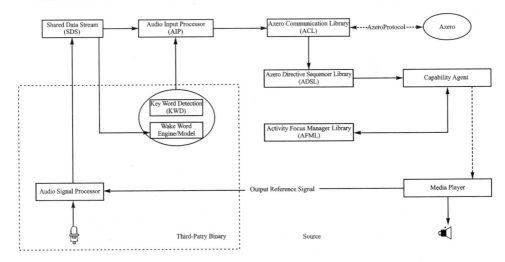

图 5-1 底层架构图

➤ Azero Communications Library（ACL）

用于客户端和 AVS 之间的主要通信通道，ACL 执行两个关键功能：

① 与 ACS 建立并维护长期持久链接，使用 HTTP/2（HTTP2.0）。

② 提供消息发送和接收功能，包括支持 JSON 格式的文本和二进制音频内容。

➤ Azero Directive Sequencer Library（ADSL）

AVS 指令集，接收从 AVS Server 接收的指令，并发送给指定能力代理的处理（此组件管理每个指令的生命周期，并通知指令处理程序来处理消息）。

➤ Activity Focus Manager Library（AFML）

为设备提供视听焦点的集中管理，焦点基于频道，如 AVS 交互模型中所讲述，用于管理视听输入和输出的优先级，频道可以位于前台或者后台。在任何给定的时间，只有一个通道可以在前台并具有视听焦点。

➤ ApplicationUtilities

为工程提供的实用程序接口,该模块主要提供了 DefaultClient、AudioFactory 的操作。

➤ AVSCommon

是 AVS 框架开放的调用接口,将 AVS 框架中 Audio、Bluetooth、Storage、Speaker、Player、SDS 等接口开放出来供使用。

➤ Audio Signal Processor（ASP）

语音输入算法处理模块,所应用的算法被设计用于生产干净的音频数据,包括回声消除、波束形成、语音活动检测等,如果存在多麦克风阵列,则 ASP 构建并输出阵列的单个音频流。

➤ Shared Data Stream（SDS）

共享数据流主要有两个作用:

① 在发送到 AVS 服务器之前,在 ASP 唤醒引擎 ACL 之间传递音频数据。

② 通过 Azero 通信库将由 AVS 发送的数据内容,传递给特定能力的代理。对应的文件声明了对应的函数接口,在 KWD 模块等进行使用,将 KWD 的数据通过 SDS 模块传送。

➤ Wake Word Engine（WWE）

唤醒模块,用于以声音唤醒进行应答交互的一种算法处理。

➤ Audio Input Processor（AIP）

处理通过 ACL 发送给 AVS 的音频输入,这些包括设备上的麦克风,远程麦克风和其他音频输入源（AIP 还包括在不同音频输入源之间的切换逻辑,在给定的时间只能将一个音频输入源发送到 AVS 中）。

➤ Capability Agents

处理 Azero 驱动的交互,特别是指令和事件,每个功能代理对应于 AVS API 公开的特定接口。

5.2.2　应用层架构图

应用层架构图如图 5 - 2 所示。

➤ Azero Auto SDK Engine

Azero Auto SDK 的运行实现称为引擎。模块通过提供服务并定义应用程序注册的平台接口的运行行为来扩展 Engine。应用程序软件通过 Platform Interfaces 定义 API 与 Engine 通信。

在每个模块中,都包含一个 Engine 引擎文件,用于实现对应模块的核心功能逻辑算法。

➤ Core Module

核心模块包括 Azero Auto SDK 中 Core 功能的平台接口和运行时引擎支持,例

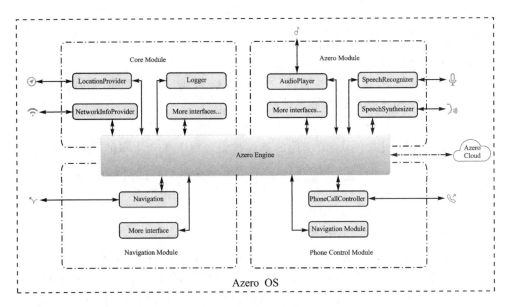

图 5 - 2　应用层架构图

如日志记录、位置和网络信息。这些服务由其他模块中的组件使用，并且是 Azero OS 所必需的。

> Azero Module

Azero 模块包括 Azero Auto SDK 中的 Azero 功能的平台接口和运行时引擎支持。该模块包括对音频输入、媒体播放、模板和状态渲染等的支持。

> Navigation Module（暂不对外开放）

导航模块包括平台接口和运行时引擎支持，以便 Azero 与板载导航系统连接。

> Phone Control Module（暂不对外开放）

电话控制模块包括平台接口和运行时引擎支持，以便 Azero 与板载电话系统连接。

5.3　设备业务接口介绍

AzeroOS 以库文件方式向用户提供，用户在取得 AzeroOS 的运行库之后，将接口头文件包含进 project 中进行再开发。下面对 AzeroOS 开发架构进行简单介绍。

5.3.1　设备开发架构

声智科技提供 AzeroOS 开发文件结构如下，用户可以根据该目录架构进行功能需求的开发完善。

```
---link-libs                        //声智科技提供的链接库文件
  ---aarch64-linux-gnu
  ---arm-linux-gnueabihf
     ---lib                         //32 位库文件
     ---vlc                         //32 位 vlc 库
---include
    ---azero-sdk_api.h
    ---azero_sdk_operator.h
    ---sai_micbasex_interface.h
---src
    ---main.cpp
---toolchain-cmake
    ---aarch64-gnu-toolchain.cmake
    ---arm-linux-gnueabihf-toolchain.cmake
    ---arm32-openwrt-toolchain.cmake
---CMakeLists.txt
---run.sh
```

5.3.2　通用接口

> 设备信息配置接口

在设备端和 Azero 服务进行数据交互前,需要在设备端对 client、product 以及 deviceSN 进行设置,设置接口位于 azero_sdk_api.h 文件,接口声明如下:

◇ client_ID　客户端 ID。

◇ product_ID　用于区分设备型号的全局唯一的字符串。

◇ deviceSN　设备序列号,安卓设备使用 SN 码,Linux 设备使用 mac address, 是特定设备的唯一 ID。

```
SAI_API void azero_set_customer_info(const char * client_ID, const char *
product_ID,const char * device_SN);
```

> 系统信息配置接口

通过 azero_device_info_json 字段,来设置设备系统信息,JSON 格式如下:

```
{
//设备信息
"deviceInfo": "",
```

```
"appInfo":
"app_name1|pak_name1|1234000|3\r\napp_name2|pak_name2|2234000|5\r\n",
//MAC address
    "macAddr": "80:12:DC:18:EF:2D",
//ROM size
    "ROMSize": "256MB",
//RAM size
    "RAMSize": "128MB",
//CPU type
    "CPUType": "Amlogic",
//Operator System version.
    "OSVersion": "Linux 4.9.54",
//Firmware version.
    "firmwareVersion": "Azero_R2.0.1.1",
//Firmware name.
    "firmawareName":"SMART_SPEAKER_A113X_REL",
//VOLTE status, on(1) or off(0)
    "VOLTE": "0",
//Network type.
"netType": "WIFI",
//宽带网络账号。
    "netAccount": "A012356789",
//Telephone number.
    "phoneNumber": "13x10005678",
//位置信息,经度,纬度,位置模式(1:卫星,2:基站,3:WIFI,4G GPS)
    "location": "25.77701556036132,123.52958679200002,1"
}
```

配置完上述信息之后,通过位于 azero_sdk_api.h 中的接口进行系统参数设置,设置的参数包括 deviceInfo、appInfo、macAddr、ROMSize 等。

```
SAI_API void azero_device_sys_info(const char * azero_device_info_json);
```

➢ AzeroOS Service 启动/停止接口

Azero 提供了用户启动接口,cfg_path 路径包含了 SDK 配置文件。启动成功返回 0,失败返回-1。

```
SAI_API int azero_start_service(const char *cfg_path);
```

Azero 提供了用户停止接口，停止 SDK 服务。

```
SAI_API void azero_stop_service(void);
```

> AzeroOS 音量处理接口

获取系统音量的回调。返回音量值在$[0\sim100]$。

```
SAI_API void azero_register_get_volume_cb(int(*azero_get_volume_cb)());
```

用于设置系统卷的回调。volume_val:设置音量，范围为$[0\sim100]$。

```
SAI_API void azero_register_set_volume_cb(int(*azero_set_volume_cb)(int
volume_val));
```

> AzeroOS Wakeup 手动唤醒接口。

将 SDK 设置为唤醒状态，然后传入 ASR 数据。开始唤醒时需要设置为 1，数据传输结束设置为 0。

```
SAI_API int azero_set_wakeup_status(int status);
```

唤醒和 DOA(到达角度)的回调。

waken_up：醒来时的通知。

waken_doa:唤醒的 DOA，范围为$[0\sim360]$。

```
SAI_API void azero_register_wakenup_cb(void(*azero_wakenup_cb)(int waken_
up, int waken_doa));
```

> AzeroOS 按键处理接口

按键事件的枚举类声明如下：

```
typedef enum {
    ///Volume up key event
    AZERO_KEY_EVT_VOL_UP = 1,
    ///Volume down key event
    AZERO_KEY_EVT_VOL_DOWN,
    ///Mute mic and speaker key event
    AZERO_KEY_EVT_MUTE_ALL,
    ///Mute mic key event
    AZERO_KEY_EVT_MUTE_MIC,
    ///Mute speaker key event
    AZERO_KEY_EVT_MUTE_SPEAKER,
```

```
    ///UnMute mic and speaker key event
    AZERO_KEY_EVT_UNMUTE_ALL,
    ///UnMute mic key event
    AZERO_KEY_EVT_UNMUTE_MIC,
    ///UnMute speaker key event
    AZERO_KEY_EVT_UNMUTE_SPEAKER,
    ///Pause or resume key event
    AZERO_KEY_EVT_TOGGLE_PAUSE,
    ///Previous key event
    AZERO_KEY_EVT_PREVIOUS,
    ///Next key event
    AZERO_KEY_EVT_NEXT,
    ///Start VOIP key event
    AZERO_KEY_EVT_VOIP_START,
    ///Stop VOIP key event
    AZERO_KEY_EVT_VOIP_STOP,
    ///Config network key event
    AZERO_KEY_EVT_NET_CONFIG,
    ///Turn on led key event
    AZERO_KEY_EVT_TOGGLE_LED,
    ///Customized key event
    AZERO_KEY_EVT_CUSTOM
}azero_key_event_e;
SAI_API void
azero_register_get_volume_cb(int( * azero_get_volume_cb)());
```

用户可以使用下述的接口将按键事件传递给 SDK,它将在 SDK 中触发相应的操作。

```
SAI_API int azero_send_key_event (azero_key_event_e key_event);
```

➤ AzeroOS 系统状态处理接口

系统状态处理事件的枚举类声明如下:

```
typedef enum {
    ///Authentication is ok.
    AZERO_EVT_AUTH_OK,
    ///Need authentication.
    AZERO_EVT_AUTH_REQUIRED,
    ///Authentication is error.
    AZERO_EVT_AUTH_ERROR,
    ///Start to capture audio.
    AZERO_EVT_AUDIO_CAPTURE_START,
    ///Stop to capture audio.
    AZERO_EVT_AUDIO_CAPTURE_STOP,
    ///In listening state of a dialog.
    AZERO_EVT_DIALOG_LISTENING,
    ///In thinking state of a dialog.
    AZERO_EVT_DIALOG_THINKING,
    ///In speaking state of a dialog.
    AZERO_EVT_DIALOG_SPEAKING,
    ///The state that device is expecting audio input in multi-turn dialog.
    AZERO_EVT_DIALOG_EXPECT,
    ///In end state of a dialog.
    AZERO_EVT_DIALOG_IDLE,
    ///In playing state of audio.
    AZERO_EVT_AUDIO_PLAYING,
    ///In paused state of audio.
    AZERO_EVT_AUDIO_PAUSED,
    ///In stop state of audio.
    AZERO_EVT_AUDIO_STOPPED,
    ///In end state of audio.
    AZERO_EVT_AUDIO_FINISHED,
    ///Volume is changed.
    AZERO_EVT_VOLUME_CHANGED,
    ///Speaker is muted.
    AZERO_EVT_SPEAKER_MUTED,
    ///Speaker is unmuted.
```

```
    AZERO_EVT_SPEAKER_UNMUTED,
    ///Alerts is set successfully.
    AZERO_EVT_ALERTS_SET_SUCCEEDED,
    ///Alerts is set failed.
    AZERO_EVT_ALERTS_SET_FAILED,
    ///Alerts is delete successfully.
    AZERO_EVT_ALERTS_DELETE_SUCCEEDED,
    ///Alerts is delete failed.
    AZERO_EVT_ALERTS_DELETE_FAILED,
    ///Alerts is started.
    AZERO_EVT_ALERTS_STARTED,
    ///Alerts is stopped.
    AZERO_EVT_ALERTS_STOPPED
}azero_status_event_e;
```

完成之后,使用系统事件接口回调,告知 AzeroOS。状态更改事件的回调,应该在 azero_start_sdk_service 之前调用,在有对应事件触发时,会给出相应的回调。

注意:用户应避免在回调中进行阻塞操作,否则会导致系统阻塞。

```
SAI_API void
azero_register_status_evt_cb(void( * azero_status_evt_cb)(azero_status_
event_e status_event));
```

➤ AzeroOS 音频指令处理接口

音频指令枚举类是 Azero 提供给用户来控制播放状态的接口类。

```
typedef enum {
    ///Audio command play.
    AZERO_AUDIO_CMD_PLAY,
    ///Audio command stop.
    AZERO_AUDIO_CMD_STOP,
    ///Audio command pause.
    AZERO_AUDIO_CMD_PAUSE,
    ///Audio command continue.
    AZERO_AUDIO_CMD_CONTINUE,
    ///Audio command switch to another one.
    AZERO_AUDIO_CMD_SWITCH,
    ///Audio command to play previous one.
```

```
AZERO_AUDIO_CMD_PREVIOUS,
///Audio command to play next one.
AZERO_AUDIO_CMD_NEXT,
///Audio command to change to single loop play mode.
AZERO_AUDIO_CMD_SINGLE_LOOP,
///Audio command to change to list loop play mode.
AZERO_AUDIO_CMD_LIST_LOOP,
///Audio command to change to random play mode.
AZERO_AUDIO_CMD_RANDOM_PLAY,
///Audio command to stop single loop mode.
AZERO_AUDIO_CMD_CLOSE_SINGLE_LOOP,
///Audio command to change to list order play mode.
AZERO_AUDIO_CMD_LIST_ORDER,
///Audio command to play the song again.
AZERO_AUDIO_CMD_SONG_AGAIN,
///Audio command to forward.
AZERO_AUDIO_CMD_FORWARD,
///Audio command to backward.
AZERO_AUDIO_CMD_BACKWARD
}azero_audio_command_e;
```

用户通过下述接口将用户的音频指令传递给 SDK。比如,手机蓝牙连接音箱播放歌曲时的控制指令。

```
SAI_API void
azero_register_audio_command_cb(void( * azero_audio_command_cb)(azero_
audio_command_e audio_command));
```

➤ AzeroOS 音频输入接口(音频流输入)
输入音频数据到 Azero SDK,目前只支持 16 kHz/16 bit 原始数据。
audio_buf:数据缓冲区承载音频数据。
buf_size:audio 缓冲区大小。

```
SAI_API int azero_audio_data_input_mono(const short int * audio_buf, int
buf_size);
```

➤ 第三方运营商业务接口
参数设置:

◇ dvice_imei 用运营商信息注入接口。

◇ device_imei 用 device_imei 设备的 IMEI(如果存在)。

◇ device_cxei CMCC 的 CMEI 或 CUC 的 CUEI。

```
SAI_API void azero_set_operator_device_info(const char * device_imei, const
char * device_cxei);
```

设置 andCall app id 和 secret 密钥:

◇ andcall_app_id 由 CMCC 为 andcall 身份验证发出的应用程序标识。

◇ andcall_secret_key 由 CMCC 为 andcall 身份验证发出的密钥。

```
SAI_API void azero_set_CMCC_andcall_app_key(const char * andcall_app_id,
const char * andcall_secret_key);
```

设置 wocall 和 TMP 注册的通道号和加密密钥:

◇ cuc_channel_no CUC 为 WO 调用、TMP 注册和加密发出的通道号。

◇ cuc_encrypt_key CUC 为设备和服务器之间的握手发布的加密密钥。

```
SAI_API void azero_set_CUC_channel_key(const char * cuc_channel_no, const
char * cuc_encrypt_key);
```

5.3.3 micbasex 业务接口

AzeroOS micbasex 接口:通过 Basex 录音出来的数据是 PCM 格式存储的数据,并将这些经 Basex 处理过的 16 bit、16 kHz 的 PCM 音频数据灌到 opendenoise 中。micbasex 接口,是将 micbasex 源码进行编译之后,生成库文件的头文件,该头文件接口为 sai_micbasex_interface.h。

```
SAI_API_EXPORT void * SaiMicBaseX_Init(int16_t ch, int16_t mic, int32_t
frame, const char * hw);
SAI_API_EXPORT int32_t SaiMicBaseX_Start(void * handle);
SAI_API_EXPORT int32_t SaiMicBaseX_ReadData(void * handle, int16_t ** data);
SAI_API_EXPORT void SaiMicBaseX_Reset(void * handle);
SAI_API_EXPORT void SaiMicBaseX_Release(void * handle);
SAI_API_EXPORT void SaiMicBaseX_SetSampleRate(void * handle, int sample_
rate);
SAI_API_EXPORT void SaiMicBaseX_SetBit(void * handle, int bit);
SAI_API_EXPORT void SaiMicBaseXSetChannelMap(void * handle, const int
* true_ch, int num_ch);
SAI_API_EXPORT void SaiMicBaseX_SetMicShiftBits(void * handle, int bits);
```

```
SAI_API_EXPORT void SaiMicBaseX_SetRefShiftBits(void * handle, intbits);
typedef void ( * error_cb_func)(void * usrdata,int num,const char * msg);
SAI_API_EXPORT void SaiMicBaseX_RegisterErrorCb(void * handle,void
* usrdata,error_cb_func error_cb);
SAI_API_EXPORT void SaiMicBaseX_SetDecodeMode(void * handle,int mode);
SAI_API_EXPORT void SaiMicBaseX_SetBufferSize(void * handle, int buf_size);
SAI_API_EXPORT void SaiMicBaseX_SetPeroidSize(void * handle, int period_
size);
SAI_API_EXPORT const char * SaiMicBaseX_GetVersion();
SAI_API_EXPORT void SaiMicBaseX_SetDelayChannel(void * handle,const
int * delay_channel,const int * delay_len,int size);
```

5.4　设备基础业务介绍

5.4.1　主程序业务

Main.cpp 流程:用户在使用声智科技 AzeroOS 系统时,通过 Main.cpp 进行逻辑的实现,具体操作流程如下:

① 设置 client_ID、product_ID、device_SN。

Device SN 需要保证唯一性,可使用 MAC 地址。

```
const char * client_ID = "5cdfca8ef03ec15a952a4e20";
const char * product_ID = "speaker_cmcc";
const char * device_SN = "1010101010";
azero_set_customer_info(client_ID,product_ID,device_SN);
```

② 注册 volume 设置和获取接口回调。

```
azero_register_set_volume_cb(demo_set_volume_cb);
azero_register_get_volume_cb(demo_get_volume_cb);
```

③ 注册 wakeup 接口回调。

```
azero_register_wakenup_cb(demo_wakenup_cb);
```

④ 创建 AzeroOS 的线程,并启动 Azero 服务。

```
pthread_create(&pt_AzeroOSid,NULL,AzeroOS_handler,NULL);
```

⑤ 创建 Basex 的线程,初始化并启动 Basex。

```
sai_plugin_basex_handle_ = load_plugin_basex();
pthread_create(&pt_BasexReadid,NULL,basex_read_handler,NULL);
```

5.4.2　Basex 业务

1. 什么是 Basex

Basex 是 SoundAI Azero 附带的基于 alsa/tinyalsa 的开源的多路音频采集工具,其可以提供从 alsa/tinyalsa 系统录制多路麦克风加回采的原始 PCM 数据,可以把远场语音算法提供的原始音频作为原料,同时提供了对音频移位、调整通道顺序、降采样等功能。Basex 仅支持标准的 alsa/tinyalsa 系统,如设备中的 alsa/tinyalsa 是经过裁剪的或者是其他音频系统,则 Basex 工具暂时无法支持。

2. Basex 应用逻辑

main 函数提供 load_plugin_basex()接口,该接口开放给用户进行配置,具体配置内容如下:

```
//配置 mic 数为 2mic
int mic_num = 2;
//配置通道 ch 数为 8 channel,由设备具体通道数决定,ch = speaker + mic
int board_num = 8;
//配置 frame 大小固定为 16 * 16
int frame = 16 * 16;
//配置播放声卡设备为 hw:0,0 hw:[card],[device]
const char * hw = "hw:0,0";
//配置通道顺序为 0,1,2,3,4,5,6,7
char chmap[16] = "0,1,2,3,4,5,6,7";
//使用接口初始化 basex
handle = SaiMicBaseX_Init(board_num, mic_num, frame, hw);
//设置 basex 参数为下面的值
SaiMicBaseX_SetBit(handle,16);
SaiMicBaseX_SetSampleRate(handle,16000);
SaiMicBaseX_SetMicShiftBits(handle,16);
SaiMicBaseX_SetRefShiftBits(handle,16);
SaiMicBaseX_SetPeroidSize(handle,1024);
SaiMicBaseX_SetBufferSize(handle,262144);
// cahnnel map 设置,对于不同的通道顺序进行处理
```

```
SaiMicBaseXSetChannelMap(handle,ch_map,board_num);
//开启 basex 服务
SaiMicBaseX_Start(handle)
```

创建用于 Basex 处理的线程,如下:

```
pthread_create(&pt_BasexReadid,NULL,basex_read_handler,NULL);
```

3. Basex 通道顺序处理简介

声智远场语音算法对原始音频的通道顺序存在固定要求,因此需要在将原始音频给到算法之前保证其通道顺序是符合要求的,具体要求请参考声智算法模块通道数据要求。

下面以环形 ＊＊6mic 1ref 8ch ＊＊ 设备为例示范,使用 Basex 调整通道顺序的方法如下:保证 CHANNEL_MAP 为默认的升序,0,1,2,3,4,5,6,7,并启动 Basex,开始录制原始音频;逆时针依次触摸每个 mic 孔 1 s 左右,对该 mic 进行标记;停止 Basex,并取出保存的原始音频;使用 Audition 打开,16 kHz 16 bit 8 ch,打开后的显示如图 5－3 所示。

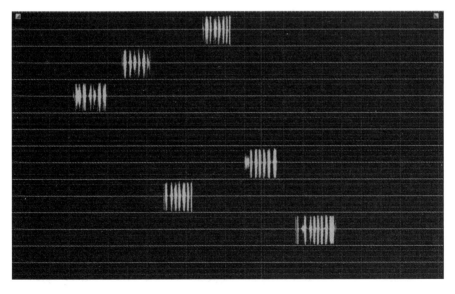

图 5－3　原始通道顺序图

每个绿色的信号为声音通过 mic 留下的标记,按照每个 mic 信号出现的先后,依次从大到小标记 mic,如图 5－4 所示。

按照如图 5－4 标记后,mic 的通道顺序调整完成,剩余两个通道为空数据通道或者回采通道,此时如果只有一个回采信号,在播放音乐的情况下,则可以看到哪个通道为回采通道。如图 5－4 所示,如果回采在第四通道,则该通道配置标记为 6,通

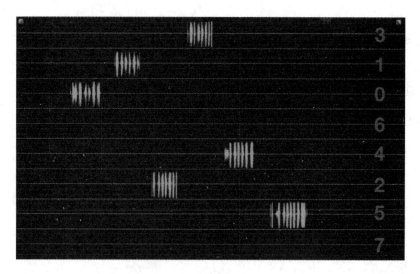

图 5 - 4　通道标记图

道顺序配置为 3,1,0,6,4,2,5,7；如果回采在最后一个通道,则将最后一个通道标记为 6,通道顺序为 3,1,0,7,4,2,5,6。

通道校验图如图 5-5 所示。

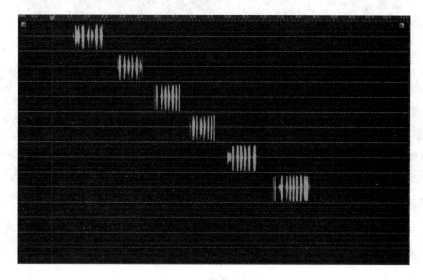

图 5 - 5　通道校验图

确定 Basex 的参数后,Basex 会自动按照参数进行移位、降采样、调整通道顺序等,最终输出的音频为 16 kHz、16 bit 的 PCM 音频,使用 Basex 的客户需要自行按照上述方法配置参数,并保证 Basex 可以正常采集数据,并且输出的原始音频是符合要求的。

5.5　设备集成并使用 Demo

5.5.1　交叉编译

1. 编译平台

推荐使用 Ubuntu16.04LTS。

2. 配　置

Linux 平台需要首先下载对应 target 平台的 toolchain，需要确认 link－lib 下对应平台的 . so 已包含支持并配置软连接。

①　下载编译链：（以 Linux ARM32 为例：gcc－linaro－6.3.1－2017.05－x86_64_arm－linux－gnueabihf），放置或软连接在/usr/local/share/ 路径下。

②　在/usr/local/share/下，建立软连接 third－party：sudo ln－s＜软件包路径＞/third－party/usr/local/share/third－party（CMake、GCC 等基础库版本依赖：https://github.com/alexa/avs－device－sdk/wiki/Dependencies）。

③　设置环境变量，在/etc/profile 文件末尾添加 export PATH＝/usr/local/share/gcc－linaro－6.3.1－2017.05－x86_64_arm－linux－gnueabihf/bin：$PATH 保存退出；source /etc/profile 或重启生效。

3. 升级 Azero SDK 版本库

若有特殊版本需求，需要手动更新 Azero 版本库，则将新 Azero 的. so 替换并覆盖 link－libs/【目标平台】/lib/路径下的同名文件即可。

4. 添加依赖库

用户使用自己开发的工程，需要先下载声智科技提供的编译生成的对应版本库，并在 CmakeLists. txt 中进行包含。不同版本对应的依赖库如下：

```
if((SAI_BUILD_FOR_LINUX_ARM32) AND (SAI_ENABLE_BUILD_OPENDENOISE))
    target_link_libraries(demo
/usr/local/share/third－party/arm－linux－gnueabihf/lib/libAzeroOS.so
/usr/local/share/third－party/arm－linux－gnueabihf/lib/libAzeroCBL.so
/usr/local/share/third－party/arm－linux－gnueabihf/lib/libAzeroNVG.so
/usr/local/share/third－party/arm－linux－gnueabihf/lib/libAzeroPCC.so
/usr/local/share/third－party/arm－linux－gnueabihf/lib/libAzeroEngine.so
/usr/local/share/third－party/arm－linux－gnueabihf/lib/libAzeroCore.so
```

```
/usr/local/share/third-party/arm-linux-gnueabihf/lib/libasound.so
    )
elseif((SAI_BUILD_FOR_LINUX_ARM64) AND (SAI_ENABLE_BUILD_OPENDENOISE))
    target_link_libraries(demo
/usr/local/share/third-party/aarch64-linux-gnu/lib/libAzeroOS.so
/usr/local/share/third-party/aarch64-linux-gnu/lib/libAzeroCBL.so
/usr/local/share/third-party/aarch64-linux-gnu/lib/libAzeroNVG.so
/usr/local/share/third-party/aarch64-linux-gnu/lib/libAzeroPCC.so
/usr/local/share/third-party/aarch64-linux-gnu/lib/libAzeroEngine.so
/usr/local/share/third-party/aarch64-linux-gnu/lib/libAzeroCore.so
/usr/local/share/third-party/aarch64-linux-gnu/lib/libAzeroVLCplayer.so
/usr/local/share/third-party/aarch64-linux-gnu/lib/libvlc/libvlc.so.5
/usr/local/share/third-party/aarch64-linux-gnu/lib/libvlc/libvlccore.so.9
/usr/local/share/third-party/aarch64-linux-gnu/lib/libvlc/libidn.so
/usr/local/share/third-party/aarch64-linux-gnu/lib/libasound.so
    )
elseif((SAI_BUILD_FOR_OPENWRT) AND (SAI_ENABLE_BUILD_OPENDENOISE)) #need to do
    target_link_libraries(demo
/usr/local/share/third-party/arm-openwrt-linux/lib/libopen_denoise.so
/usr/local/share/third-party/arm-openwrt-linux/lib/libsai_micbasex.so
/usr/local/share/third-party/arm-openwrt-linux/lib/libasound.so
    )
endif()
```

5. 添加头文件,并修改 Basex 配置

将声智科技提供的 demo 添加到用户的 project 中:包括 azero_sdk_api. h、azero_sdk_operator. h 以及 sai_micbasex_interface. h,修改 demo 源码中 Basex 中的部分源码,使 demo 适配于用户的设备。

6. 编 译

运行. /run. sh,根据提示选择对应参数:. /run. sh {arm-linux-gnueabihf|arm32-openwrt|aarch64-gnu|aarch64-poky-linux|arm32-poky|armeabi-v7a|arm64-v8a}。

其中:arm-linux-gnueabihf 指定编译 linux arm 32 平台;aarch64-gnu 指定编译 linux aarch64 平台;编译结果为 build_demo 下的 demo 文件。

5.5.2 Demo 运行

1. 拷贝运行库到设备中

在 ubuntu 上安装 adb 调试工具,在 ubuntu 上运行 sudo apt – get install adb 安装 adb 调试工具,安装完成后,使用 USB 线将调试设备或开发板与 Ubuntu 进行连接。连接成功后输入指令 adb devices,可出现如图 5 – 6 所示的界面,表示 adb 安装成功并可以连接设备。

```
File  Edit  View  Search  Terminal  Help
parallels@parallels-Parallels-Virtual-Platform:~$ adb devices
List of devices attached
d41d8cd98f00b204          device

parallels@parallels-Parallels-Virtual-Platform:~$
```

图 5 – 6 adb 安装成功

使用指令 adb push 将声智科技提供的 link – lib 下对应 Target 平台的.so 拷贝到设备中目录/usr/lib 下,或者指定 LD_LIBRATY_PATH,将 mic 阵型配置文件夹 sai_conf 下的文件存放在(或软连接)/data/ 路径下;将声智提供的文档 config files 文件存放在/data/ 路径下。向设备推送库文件如图 5 – 7 所示。

```
$ adb push ./lib /usr/lib
push: ./lib/libopus.so -> /tmp/libopus.so
push: ./lib/libcurl.so -> /tmp/libcurl.so
push: ./lib/libAzeroVLCplayer.so -> /tmp/libAzeroVLCplayer.so
push: ./lib/libopus.so.0 -> /tmp/libopus.so.0
push: ./lib/libcrypto.so.1.0.0 -> /tmp/libcrypto.so.1.0.0
push: ./lib/libcurl.so.4 -> /tmp/libcurl.so.4
push: ./lib/libAzeroNVG.so -> /tmp/libAzeroNVG.so
push: ./lib/libnghttp2.so.14 -> /tmp/libnghttp2.so.14
push: ./lib/libAzeroCore.so -> /tmp/libAzeroCore.so
push: ./lib/libAzeroPCC.so -> /tmp/libAzeroPCC.so
push: ./lib/libsai_micbasex.so -> /tmp/libsai_micbasex.so
push: ./lib/libasound.so -> /tmp/libasound.so
push: ./lib/libAzeroCBL.so -> /tmp/libAzeroCBL.so
push: ./lib/libcurl.so.4.5.0 -> /tmp/libcurl.so.4.5.0
push: ./lib/libAVSCommon.so -> /tmp/libAVSCommon.so
push: ./lib/libSQLiteStorage.so -> /tmp/libSQLiteStorage.so
push: ./lib/libnghttp2.so -> /tmp/libnghttp2.so
push: ./lib/libAzeroEngine.so -> /tmp/libAzeroEngine.so
push: ./lib/libsqlite3.so.0 -> /tmp/libsqlite3.so.0
push: ./lib/libssl.so.1.0.0 -> /tmp/libssl.so.1.0.0
push: ./lib/libopus.so.0.6.1 -> /tmp/libopus.so.0.6.1
push: ./lib/libnghttp2.so.14.16.1 -> /tmp/libnghttp2.so.14.16.1
push: ./lib/libAzeroOS.so -> /tmp/libAzeroOS.so
push: ./lib/libcrypto.so.1.0.2 -> /tmp/libcrypto.so.1.0.2
24 files pushed. 0 files skipped.
4661 KB/s (15093908 bytes in 3.162s)
$
```

图 5 – 7 向设备推送库文件

2. 运行 demo

① 拷贝生成 demo 到设备,使用指令 adb push 将上面生成的可执行程序 demo 拷贝到设备中。向设备推送可执行程序如图 5-8 所示。

图 5-8 向设备推送可执行程序

② 运行可执行程序 demo,使用 adb shell,进入设备中,找到可执行程序 demo,使用指令. /demo 运行,运行后可以进行问答交互。

③ 开机自启 Demo,用户可以选择开机自启 Demo,可以编辑/etc/profile 文件,在文档尾部添加. /demo 运行指令。

第四部分　开发套件

SoundPi Cube 和 SoundPi Mini Board 是基于声智科技麦克风阵列核心技术的软硬一体化智能语音技术开发解决方案，内部搭载声智科技 SoundAI Azero 智能操作系统，满足用户在语音交互领域的全方位需求，可应用于智能音箱、智能白电、智能车载、智能机器人等多种消费电子产品。

第6章

SoundPi Cube 智能开发魔盒

6.1 认识 SoundPi

SoundPi Cube 是一套完整的智能开发套件,基于 ARM A53 四核架构,采用 2 GB+16 GB 存储,可以运行完整的 Android 系统,集成 6 麦高信噪比麦克风阵列,开放多种接口,并搭配完整音腔结构,开发者开箱即用。本章介绍的 SoundPi Cube 智能开发魔盒,内部搭载声智科技 SoundAI Azero 智能操作系统,集成波束形成、声源测向、噪声抑制、混响消除、回声消除、语音唤醒、端点检测、语音识别、语义理解、语音合成、自然语言处理等核心算法,可助力开发者快速实现顺畅自然的智能语音技术体验。随着 SoundAI Azero 智能操作系统迭代更新,声智将不断地为用户提供版本更新。

当购买 SoundPi Cube 的时候,再不需要面对烦琐的硬件装配,底层固件、软件系统的安装调试。Cube 提供了全栈式软硬件开发,从端到云,从算法到内容技能,用户不需要再从多方接入,使开发变得更加简单快捷。Cube 可广泛应用于智能音箱、电视、冰箱、空调、玩具、机器人、DOT、机顶盒、车载、可穿戴等远场遥控器等智能语音产品;Cube 作为完整的开发套件,可以为行业解决方案快速提供开发环境,也能直接作为系统设备大脑,免去开发者另行开发硬件的投入。

SoundPi Cube 提供全栈式软硬件开发,兼容更多开发场景,支持用户自定义设计,帮助开发者快速实现产品开发,打造专属 AI 语音产品。

6.1.1 设备基本参数

下面我们来一起了解一下 SoundPi Cube 智能开发魔盒的各项参数数据,以备用户在使用及开发中进行参考。SoundPi Cube 如图 6-1 所示。

模块阵型:环形。

阵元个数:6 个。

模块尺寸:直径 8 cm。

唤醒距离:<20 m。

图 6-1 SoundPi Cube

识别距离:<5 m(室内环境)。

信噪比:SNR > 65 dB。

误唤醒率:<0.3 次/天。

工作温度:−10～55 ℃。

噪声抑制:>20 dB(动态)。

声源定位:360°(水平方向)。

定位精度:±10°(水平方向)。

播发打断:支持任意唤醒打断。

灵敏度:>−42 dB @ 94 dB SPL 1 kHz。

回声消除:支持回声消除。

Free - cut:任意打断(播放过程中可任意进行唤醒、随叫随应、无需等待)。

One - shot:一句连控(唤醒词和命令词可一句连续说)。

操作系统:Android 8.1。

智能系统:SoundAI Azero 智能操作系统。

DDR/FLASH:2 GB+16 GB。

音频支持:24 bit 高性能 DAC,支持更多音效;5 W Speaker。

LED 支持:1 颗三色 LED 灯,多种灯光指示定义。

电源参数:12 V/1 A DC 输入,支持 1.3 mm 2P 直流电源输入和自动电源保护。

更多接口:HDMI、USB3.0、USB OTG、LCD、TF、IR、Camera、3.5 mm Head-phone、UART、GPIO(支持树莓派 40 Pin 接口)、I^2C、SPI 等。

6.1.2 设备包装清单

① SoundPi Cube 智能开发魔盒(1 套):SoundPi Cube 正面如图 6 - 2 所示,SoundPi Cube 背面如图 6 - 3 所示,SoundPi Cube 顶部和底面如图 6 - 4 所示。

图 6 - 2　SoundPi Cube 正面

图 6 - 3　SoundPi Cube 背面

② SoundPi Cube 配件如下:

➤ 电源适配器(1 个)。

➤ HDMI 标准接口线(1 根)。

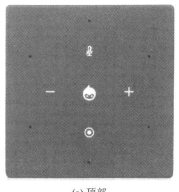 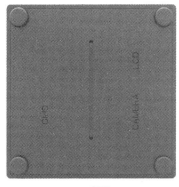

(a) 顶部　　　　　　　　　　(b) 底面

图 6 - 4　SoundPi Cube 顶部和底面

➤ MircoUSB 数据线（1 根）。

在使用 SoundPi 前也请用户准备好相应支持配件，由于开发板在设计中已经充分考虑了配件通用性，用户可使用现有线材或自行购买，故以下常用配件就不在出厂包装中一一提供。

③ 支持配件如下：

➤ 标准接口 HDMI 线：SoundPi Cube 智能开发魔盒可通过标准接口的 HDMI 线与显示设备连接，将系统交互界面投屏显示到相应接口的显示器/电视机。HDMI 线示意图如图 6 - 5 所示。

➤ 3.5 mm 公对公音频线：SoundPi Cube 智能开发魔盒可通过标准 3.5 mm 公对公音频线连接相应接口的音箱。公对公音频线如图 6 - 6 所示。

HDMI线

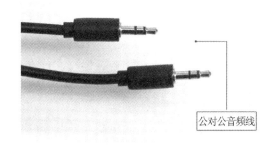

公对公音频线

图 6 - 5　HDMI 线示意图　　　　**图 6 - 6　公对公音频线**

为了满足更多外设接口开发需求，我们同步开发了扩展板，用于支持 40 Pin GPIO 和触摸屏外扩，并调试配对的摄像头模组，开发者可以根据自身需求购买或作为参考开发。

6.1.3 设备接口说明

SoundPi Cube 智能开发魔盒提供了适合多种场景下应用及开发的接口,开发者可根据图 6-7 来了解各个接口的位置及功能。

图 6-7 开放接口

小提示:如果想快速进行远场语音交互体验,可以仅使用 DC IN 接口(供电)和 HDMI 接口,读者可参考"6.2.1 安装与配置"进行下一步操作。

开放接口说明如下:

串口(内部):可用来连接串口设备或调试,波特率为 115 200。

扬声器接口(内部):支持 2 针 XH1.25 mm 接口,出厂已经配置 4 Ω、5 W 扬声器。

天线接口(内部):连接高增益 2.4 GHz+5 GHz 双频天线。

USB3.0 接口:支持连接 USB 外设。

USB OTG 接口:支持连接 USB 外设,支持 adb 调试。

耳机接口:用来连接耳机、音箱或其他播放设备。

DC IN 接口:连接电源适配器,请使用本机附件电源进行供电。

RESET 按键:刷机按钮,长按并连接电源可进入刷机状态。

HDMI 接口:连接电视机或显示器,在这里,请使用标准 HDMI 线进行连接。

触摸屏接口(底部):可用来连接 MIPI LCD 触摸屏。

GPIO 接口(底部):扩展支持 2×20、2.54 mm 排针,与树莓派接口兼容。

摄像头接口(底部):可与外部摄像头连接。

麦克风阵列:6 mic 环形阵列,高性能 MEMS 麦克风。

顶部按键:4 个触摸按键,音量＋、音量－、麦克风静音、自定义按键。

IR 接收/发射:支持红外遥控功能。

6.2　使用 SoundPi

现在已经揭开了 SoundPi 的"面纱",各项准备工作就绪,下面就开始我们的远场语音交互实践之旅。

6.2.1　安装与配置

1. 连接设备

第一步,将 USB 数据线插入 MicroUSB 接口,并与计算机连接。

第二步,将 HDMI 线从 SoundPi 连接到显示器或电视;同时请确认待连接的显示器或电视机已打开,并且已选择对应的 HDMI 的输入通道(例如 HDMI 1、HDMI 2)。

第三步,将电源适配器 DC 插头插入电源接口,接通电源。

设备接通电源如图 6-8 所示。

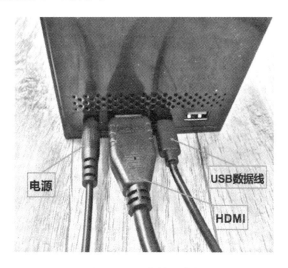

图 6-8　设备接通电源

当所有线材正常连接后,显示器或电视上会显示系统主界面。系统主界面如图 6-9 所示。

图 6 - 9　系统主界面

2. 连接网络

SoundPi Cube 智能开发魔盒是基于云端提供语音服务的交互设备,故网络连接是保证系统正常工作的基础,也是进行完整远场语音交互体验的必备条件,否则 SoundPi 将会对唤醒后的指令无法做出反馈。

为了便于在 SoundPi 系统界面进行交互操作,用户可以在计算机上安装 Total Control 或 Vysor 软件,可在网页上搜索软件名称或进入下面提供的官网链接进行下载安装。

> ➢ Total Control 软件下载地址:http://tc.sigma-rt.com.cn/。

> ➢ Vysor 软件下载地址:http://www.vysor.io/。

两个软件功能类似,用户可以根据自己的爱好及习惯选用,这里以 Total Control 为例进行说明。

下载安装完成后打开软件界面,等待软件发现连接的设备。

连接完成后,计算机端会与 SoundPi 开发板 HDMI 输出设备(显示器/电视),双屏同步显示系统主界面窗口,此时可以通过计算机端的鼠标在主界面进行操控。系统主界面如图 6-10 所示。

单击 My Apps 图标即可进入应用界面,如图 6-11 所示。

图 6 - 10　系统主界面

图 6 - 11　My Apps 应用界面

　　进入应用界面后,单击 Settings 图标,进入设置菜单,如图 6 - 12 所示。

　　在设置菜单中,单击 Network & Internet。

　　随后单击 Wi - Fi,打开 Wi - Fi,如图 6 - 13 所示。

　　选择可用 Wi - Fi 网络名称,单击进入,输入相应密码(开放网络可直接单击连接),即可连接无线网络,如图 6 - 14 所示。

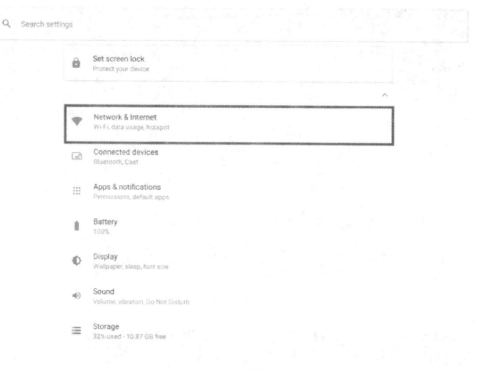

图 6 – 12 设置菜单

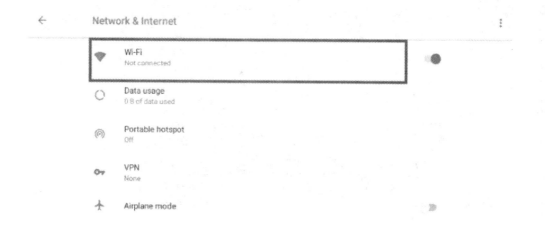

图 6 – 13 Wi – Fi 菜单

小提示：为了保证语音交互体验效果，请在畅通的 Wi – Fi 网络环境下使用 SoundPi 开发板。

图 6 - 14　连接 Wi - Fi

6.2.2　使用设备功能

1. 基本交互界面

当 Wi - Fi 网络配置连接完成后,可以通过 SoundPi 开发板中预装的,支持唤醒、语音识别以及相关的后端服务(音乐、时间、天气、聊天等)的 SoundAI Azero 智能操作系统,进行完整的远场语音交互体验。

具体使用步骤如下:

连网成功后,返回应用界面,双击 Azero App 图标进入 Azero 语音交互界面。应用界面如图 6 - 15 所示。

Azero 语音交互界面由位于左上的时间日历,和位于底部的语音交互文字显示弹窗组成,如图 6 - 16 所示。

注:为保证更好的语音交互体验,请在交互体验前及交互过程中,关闭计算机端的 Total Control/Vysor 软件。

图 6 - 15 应用界面

图 6 - 16 语音交互界面

2. 唤醒设备

现在就可以正式开始远场语音交互体验了。

首先,学习唤醒设备,在与 SoundPi 对话之前,需要先唤醒它,然后再对它说出语音指令。

可以向 SoundPi 说出唤醒词"小易小易",即可唤醒设备,若音频输出设备已接好,则会得到"嗯、在呢、我在"等语音回应,进入"聆听"状态。

3．语音识别

设备唤醒后,屏幕会由底部弹出现语音交互弹窗,这时可以继续向设备发出语音指令(例如"今天天气"),同时弹窗中会以文字形式显示语音识别结果,如图 6 - 17 所示。

图 6 - 17　语音识别界面

4．语义理解

设备检查到语音指令输出完毕后,终止语音识别,再对语音识别结果做出理解并调用相应内容,并将结果反馈显示在文本框中。

天气技能界面如图 6 - 18 所示。

小提示:用户与设备进行交互时,只需要对设备说出唤醒词"小易小易"＋语音指令即可。在以上过程中,可随时对设备进行再次唤醒,每一次唤醒都将开启一轮新的语音交互。

5．语音输出

设备在理解用户命令并调用相应内容反馈的同时,会以语音输出方式将内容进行播报。例如之前询问"今天天气",设备回复"北京晴,最低温度 1 ℃……"。

6．交互体验

在了解了语音交互的方法后,我们可以用多样化的语音指令来和设备进行交互,体验 Azero 系统中更多的技能。

北京

2019-11-15

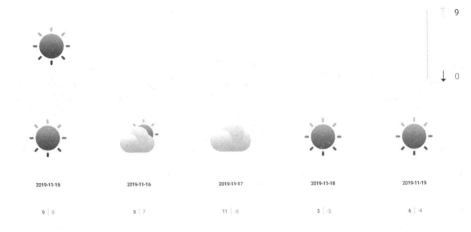

图 6 - 18　天气技能界面

使用唤醒词唤醒设备,可以使用如图 6 - 19 所示的语音指令进行交互。

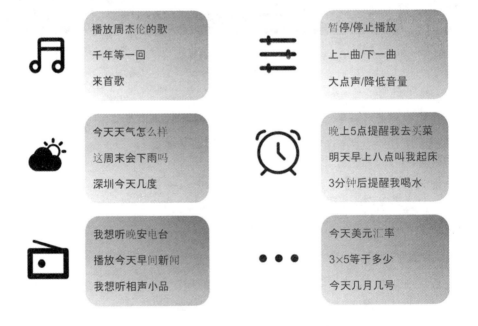

图 6 - 19　技能语音指令

6.2.3　安装最新的 Azero apk

为了体验 Azero 的最新的语音能力,需要将最新的 Azero apk 安装到设备中,这里可以采用下面 2 种方法进行安装。

小提示:普通用户建议使用方法一,采用相关控制软件界面更加直观且便于操作。

1. 方法一:使用 Total Control 或 Vysor 软件安装 Azero

首先将设备用 Micro USB 数据线与计算机连接,打开 Total Control 或 Vysor 软件。

我们仍以 Total Control 为例,使用鼠标操控设备依次进入系统主界面→Settings→Connected devices→USB,在 USB 弹出的对话框中选择 Transfer files 允许传输文件,如图 6-20(左侧)所示。此时计算机会重新检测设备,需要在图 6-20(右侧)所示的 Total Control 对话框中再次单击"连接"按钮,连接设备。

图 6-20　文件传输设置界面

在 SoundPi 官网上找到 Azero. apk 安装包,下载到计算机。将下载好的安装包复制粘贴到设备中 Download 文件夹下,如图 6-21 所示。

操控鼠标退回到系统主界面,单击 Files 选项,在 Downloads 中即可发现刚刚传输的 Azero. apk 安装包,打开安装包,单击 INSTALL 选项即可安装 apk。Azero. apk 安装界面如图 6-22 所示。

2. 方法二:使用 adb 命令安装 apk

在 SoundPi 官网上找到 Azero. apk 安装包,下载到计算机。然后用 Micro USB 数据线将设备与计算机连接。

打开 adb 命令调试窗口,输入安装命令"adb install - r"+ Azero. apk 存放路径,执行命令后,看到 Success 表示安装成功,如图 6-23 所示。

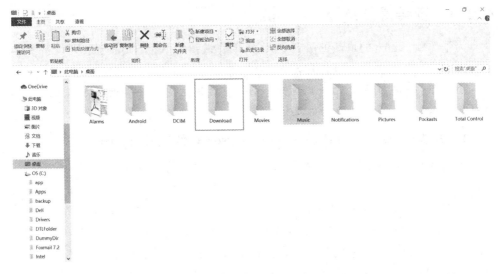

图 6 - 21　Azero. apk 安装包存储示例界面

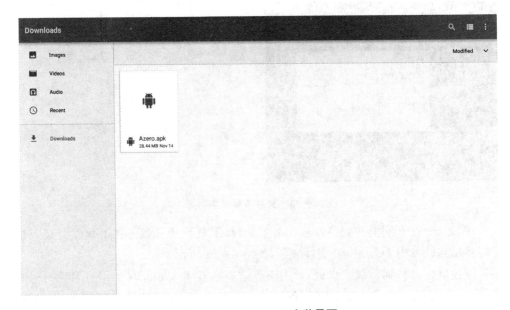

图 6 - 22　Azero. apk 安装界面

```
C:\Users\soundai\Desktop>adb install -r C:\Users\soundai\Desktop\Azero\Azero.apk
* daemon not running. starting it now on port 5037 *
* daemon started successfully*
3018 KB/s (24736525 bytes in 8.002s)
Success
```

图 6 - 23　Azero. apk 安装包安装成功提示界面

注：开发板在使用 adb 调试运行或交互体验过程中，请关闭计算机端的 Total-Control/Vysor 软件。

备注：SoundPi 官方网站为 www.soundpi.org。

6.3　重置 SoundPi

前面我们体验了语音交互的整个过程，如果在体验或开发过程中因操作不当，可能会导致一些问题出现，可以通过对设备进行重置恢复来解决。相关驱动、固件、Azero apk 安装文件，请在 SoundPi 官方网站（www.soundpi.org）进行下载。

6.3.1　固件安装

驱动安装完成后，准备进行固件安装，下载相关文件压缩包，找到 USB_Burning_Tool 文件，安装 USB_Burning_Tool 刷机工具，刷机步骤如下：

① 打开 USB_Burning_Tool 工具，首界面如图 6-24 所示。

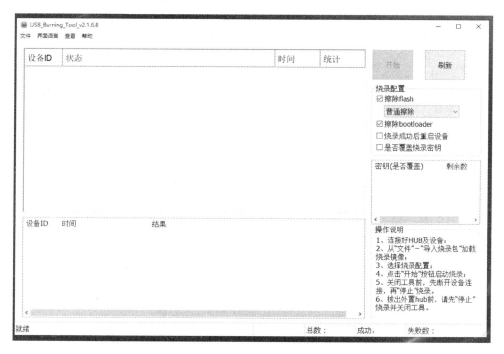

图 6-24　USB_Burning_Tool 首界面

② 单击工具栏上的"文件"按钮，在下拉菜单中选择导入烧录包，弹出如图 6-25 所示的界面。

③ 选中要烧录的固件.img 文件，如图 6-26 所示。

图 6 - 25　导入烧录包界面

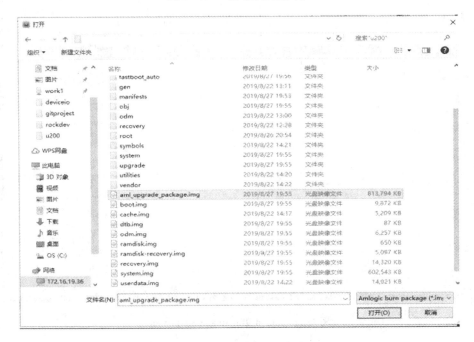

图 6 - 26　选中对应烧录包界面

④ 单击"打开"按钮,加载固件,如图 6 - 27 所示。

⑤ 长按刷机按键,然后连接电源,USB_Burning_Tool 软件设备状态会出现已连

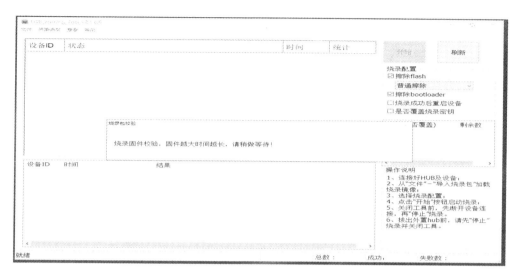

图 6 - 27　固件加载界面

接设备,如图 6 - 28 所示。

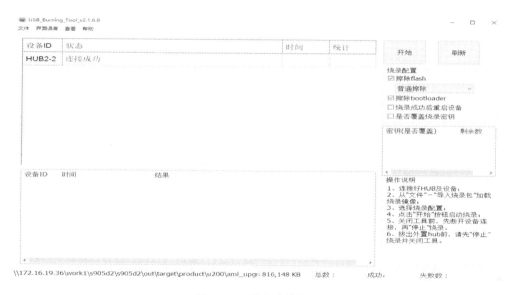

图 6 - 28　设备连接界面

⑥ 单击右上方的"开始"按钮,开始刷机。设备刷机界面如图 6 - 29 所示,设备刷机成功界面如图 6 - 30 所示。

图 6-29　设备刷机界面

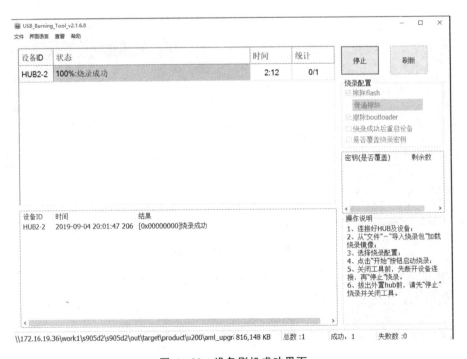

图 6-30　设备刷机成功界面

6.3.2　卸载 Azero App

Azero 必须通过 adb 的方式进行卸载。卸载步骤如下：

① 执行 adb root 将设备 root。

```
→ desk adb root
restarting adbd as root
→ desk
```

② 执行 adb remount 让 system 分区变成可写的。

```
→ desk adb remount
remount succeeded
→ desk
```

③ 执行 adb shell,cd 到 /system/app/Azero 目录删除 Azero.apk 即可。

```
→ desk adb shell
u200:/ # cd /system/app/Azero
u200:/system/app/Azero # ls
Azero.apk oat
u200:/system/app/Azero # rm Azero.apk
```

第 7 章

SoundPi Mini Board 开发套件

7.1　认识 SoundPi Mini Board 开发套件

SoundPi Mini Board 开发套件搭载的是 Linux 操作系统,集成声智前端唤醒算法和降噪算法,搭配 SoundAI Azero 智能操作系统,可以实现灵活和高效的技能开发。请在 https://www.yuque.com/soundai/lk1gya/dpzgf4 下载相关演示视频、固件和工具。

7.1.1　设备基本参数

设备基本参数如表 7-1 所列。

表 7-1　设备基本参数

CPU	全志 R328	双核 A7 1.2 GHz
内　存	64 MB DDR2(R328_S2)或 128 MB DDR3(R328_S3)	
存　储	SPI Nand 128 MB	
系　统	Linux	
音　频	• 内置 VAD 语音唤醒模块; • 支持 1 个音频 DAC 和 3 个音频 ADC; • 支持 3 个模拟音频输入和 1 个模拟音频输出; • 最多 3 个 I^2S/PCM 控制器,用于连接蓝牙和外部音频; • 编解码器,每个 I^2S/PCM 支持最多 16 个通道; • 集成数字麦克风,支持最大 8 个数字麦克风	
接　口	• USB 2.0 OTG; • SDIO 3.0; • LEDC; • 2×TWI, 2×SPI, 4×UART; • 8-ch PWM, 4-ch GPADC, 1-ch LRADC	
Wi-Fi+蓝牙	RTL8723DS IEEE 802.11 b/g/n 蓝牙 4.2	
产品尺寸	长 43 mm、宽 34 mm	

SoundPi Mini Board 硬件外观如图 7 - 1 所示。

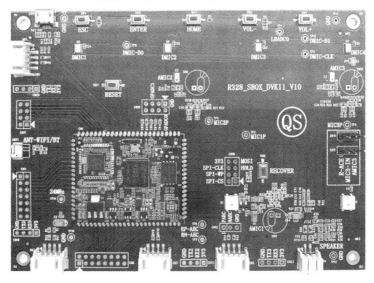

图 7 - 1　开发板外观

7.1.2　设备接口说明

设备接口如图 7 - 2 所示。

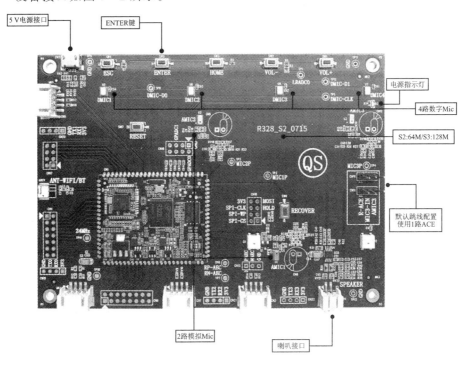

图 7 - 2　设备接口

7.2 使用 SoundPi Mini Board

介绍完硬件资源,接下来介绍 SoundPi Mini Board 的基本功能。

7.2.1 连接设备

第一步,将 USB 数据线插入 MicroUSB 接口,并与计算机连接,上电成功之后会有语音提醒进行配网。

第二步,连接网络,目前仅支持安卓手机进行声波配网。声波配网方式如下:

① 在安卓手机上安装声波配网软件 soundwave.apk。

② 在手机端设置 Wi-Fi 相关信息。配网软件界面如图 7-3 所示。

图 7-3 配网软件界面

③ 长按 SoundPi Mini Board 上的 ENTER 按键 1 s 以上,听到声音提示之后,在手机端的声波配网 APK 点击 start。音频播放结束之后 3~4 s,SoundPi Mini Board 会播放音频,提示声波配网成功,联网成功后可能会进行 OTA 升级。

7.2.2 使用设备功能

➤ 唤醒设备

喇叭提示配网成功,等待 2~3 s,Azero App 启动成功即可唤醒设备。

唤醒词为"小易小易",喊完唤醒词之后开发板会给出声音反馈,接着就可以进行语音交互了。

➤ 语音输出

设备在理解用户命令并调用相应内容反馈的同时,会以语音输出方式将内容进行播报。例如之前询问"今天天气"，设备回复"北京晴，最低气温 1 ℃……"，命令"我想听某某歌曲"，设备回复"为您播放"。

7.3　重置 SoundPi Mini Board

7.3.1　固件安装

下载相关文件压缩包，找到 PhoenixSuitPacket. msi 文件，安装刷机工具。刷机步骤如下：

① 关闭 Windows 数字签名：关闭 Win8/Win10 数字签名，单击"开始"菜单，选择电源，然后按住 Shift 键选择"重启"，接着选择 疑难解答→高级选项→启动设置→重启，重启后有众多特殊选项，可以按 F7 键或者数字键 7 进入禁用数字签名模式。

② 安装刷机软件：PhoenixSuitPacket. msi。

③ 选择对应镜像，单击立即刷机，开始烧录，弹出确认框全部单击"是"。

烧录软件主界面如图 7 - 4 所示，开始烧录如图 7 - 5 所示，烧录成功如图 7 - 6 所示。

图 7 - 4　烧录软件主界面

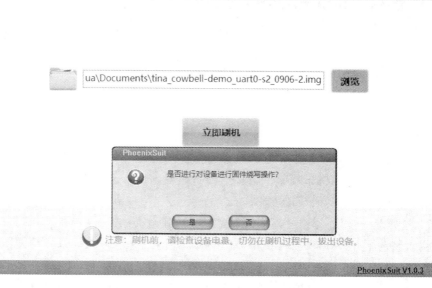

图 7 - 5　开始烧录

图 7 - 6　烧录成功

7.3.2　结束 Azero App

Azero 会一直占用声卡设备节点,当需要使用 SoundPi Mini Board 录制或播放音频的时候,需要手动结束 Azero App 进程,操作步骤如下:

① 执行 adb shell 进入终端,如图 7 - 7 所示。

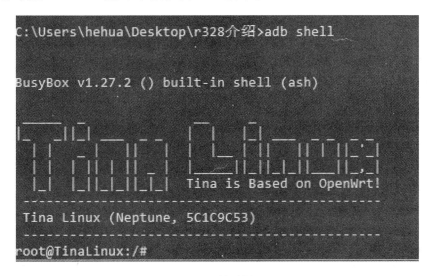

图 7 - 7　终端界面

② 执行 top 命令查看进程 pid,如图 7 - 8 所示。

```
Load average: 0.34 0.08 0.03 2/143 1719
  PID  PPID USER    STAT   VSZ %VSZ %CPU COMMAND
 1568  1537 root    S    43172  35%  31% ./sai_client
 1037     1 root    S     1308   1%   0% /bin/adbd -D
 1014     1 root    S     3104   3%   0% /usr/bin/bluetoothd -n
 1390     1 root    S     1420   1%   0% /sbin/netifd
    1     0 root    S     1356   1%   0% /sbin/procd
  959     1 root    S     1304   1%   0% /usr/sbin/dbus-daemon --system
  981     1 root    S     1120   1%   0% /usr/sbin/logread -f -F /tmp/.lastlog -p /
 1392     1 root    S     1108   1%   0% {S95done} /bin/sh /etc/rc.common /etc/
 1537  1037 root    S     1064   1%   0% /bin/sh
 1702  1694 root    R     1064   1%   0% top
 1398  1392 root    S     1064   1%   0% sh /etc/rc.local
 1694     1 root    S     1060   1%   0% /bin/sh
 1717  1568 root    S     1060   1%   0% sh -c ping -c 1 azero.soundai.cn -W 10
 1718  1717 root    S     1060   1%   0% ping -c 1 azero.soundai.cn -W 1000
  980     1 root    S     1008   1%   0% /sbin/logd -S 64
  861     1 root    S      960   1%   0% /sbin/ubusd
  869     1 root    S      672   1%   0% /sbin/askfirst /bin/ash --login
 1520  1398 root    S      668   1%   0% /sbin/autosoundwave
  537     2 root    SW       0   0%   0% [nand]
  550     2 root    SW       0   0%   0% [nand_rcd]
```

图 7 - 8　查看后台进程

③ 执行 kill - 9 pid,如图 7 - 9 所示。

```
root@TinaLinux:/# kill -9 1568
root@TinaLinux:/#
```

图 7-9 结束后台进程

7.3.3 更新网络

第一次开机进行声波配网之后,软件会把 Wi-Fi 名和 Wi-Fi 密码记录在系统根目录,以后重新上电就会自动连接网络,如图 7-10 所示。

```
root@TinaLinux:/# ls /
azero        etc         overlay      rom         stress      var
bin          lib         proc         root        sys         www
data         mnt         pwd.conf     sbin        tmp
dev          name.conf   rdinit       spec        usr
root@TinaLinux:/#
```

图 7-10 保存 Wi-Fi 名及密码

当需要变更网络连接时,可以再长按 Enter 键,或者将 Wi-Fi 名和 Wi-Fi 密码的文件删除,重新上电进行声波配网。也可以使用 adb shell 进入终端,编辑 Wi-Fi 名和 Wi-Fi 密码的文件,如图 7-11 所示。

```
root@TinaLinux:/# rm name.conf
root@TinaLinux:/# rm pwd.conf
root@TinaLinux:/# echo -n "wifiname" > name.conf
root@TinaLinux:/# echo -n "wifipassword" > pwd.conf
root@TinaLinux:/#
```

图 7-11 手动更新 Wi-Fi